环境行为学视域下的
中国综合性科技馆
主观评价体系与设计研究

李鹏南　著

中国大百科全书出版社

图书在版编目（CIP）数据

环境行为学视域下的中国综合性科技馆主观评价体系
与设计研究 / 李鹏南著. -- 北京：中国大百科全书出
版社，2024. 6. -- ISBN 978-7-5202-1578-7

Ⅰ. G322

中国国家版本馆 CIP 数据核字第 2024K5C594 号

环境行为学视域下的中国综合性科技馆主观评价体系与设计研究
李鹏南　著

出 版 人：刘祚臣
责任编辑：张恒丽
责任校对：黄佳辉
责任印制：李宝丰
出版发行：中国大百科全书出版社
地　　址：北京市西城区阜成门北大街 17 号　　邮政编码：100037
网　　址：http://www.ecph.com.cn　　　　　　电　　话：010-88390718
印　　刷：北京汇瑞嘉合文化发展有限公司
开　　本：710 毫米 ×1000 毫米　　1/16
字　　数：210 千字　　　　　　　印　　张：11.25
版　　次：2024 年 6 月第 1 版　　印　　次：2024 年 6 月第 1 次印刷
书　　号：978-7-5202-1578-7　　定　　价：78.00 元

序 言

在科技飞速发展的今天，科技馆作为普及科学知识、传播科学精神的重要场所，其作用愈发凸显。然而，随着科技馆数量的不断增加，如何确保科技馆的建设与运营能够真正满足公众的需求，提升科普教育的质量，成为摆在我们面前的重要课题。在此背景下，《环境行为学视域下的中国综合性科技馆主观评价体系与设计研究》应运而生。本书作者旨在通过系统的研究与分析，为综合性科技馆的未来发展提供科学指导与借鉴。

在科技馆研究领域，国内外学者多关注于科技馆的设计、建设与管理等方面，而关于科技馆的使用后评价研究相对较少。本书针对这一研究空白，通过深入调查与分析，构建了一套较为科学、系统的中国综合性科技馆主观评价体系。这一体系不仅涵盖了科技馆的使用效果、公众满意度、科普教育效果等多个维度，还结合中国的实际情况，提出了具有针对性的评价指标与方法。由此可见，本书的学术价值在于填补了中国综合性科技馆使用后评价研究的空白，为科技馆研究提供了新的视角与方法。

当前，中国综合性科技馆正处于快速发展时期。随着科技的不断进步和社会需求的日益增长，科技馆的功能与定位也在发生深刻变化。本书通过深入开展科技馆的使用后评价，准确把握了科技馆发展的脉搏与趋势。在此基础上，本书提出了一系列创新性的科普教育理念与方法，如利用虚拟现实技术提升科普教育效果、开展多元化的科普活动等。这些理念与方法的提出，不仅有助于推动科普教育的创新与发展，还能为科技馆的未来发展提供有力支撑。

科技馆作为公众了解科学、接触科技的重要场所，其吸引力与公众满意度直接影响着科普教育的效果。本书深入探讨了公众对于科技馆的需求与期望，据此提出了加强科技馆与公众之间的有效沟通、提升服务质量等策略与建议。这些策略与建议的实施，将有助于增强科技馆的吸引力与公众满意度，进而提升科普教育的效能。

中国综合性科技馆的可持续发展需要实现社会价值与经济价值的双赢。本书作者在研究中充分考虑了这一点，提出了在确保科技馆社会效益的同时，通过合理经营与管理实现经济收益的策略。例如，通过开发科普衍生品、开展特色科普活动等方式增加收入；通过优化资源配置、提高运营效率等方式降低成本。这些策略的实施，将有助于实现科技馆的可持续发展，取得社会价值与经济价值的双赢。

《环境行为学视域下的中国综合性科技馆主观评价体系与设计研究》一书的出版，具有重要的实践指导意义。它有助于深化中国综合性科技馆的理论研究、指导科技馆的建设与运营实践、促进科技馆的未来发展。相信本书的出版不仅为科技馆的相关工作人员和研究者提供宝贵的参考资料，也为社会公众了解和支持科技馆的事业提供了窗口。希望本书能够激发更多的研究和讨论，共同推动中国科技馆事业迈向更高质量的发展道路。

中国科学院院士

华南理工大学建筑学院教授

吴硕贤

目 录

| 第一章 |

绪 论

随着科技发展的日新月异，科学技术已经成为引领经济发展、社会前进乃至思想进步的强大动力。科普基础设施是国家科学技术教育传播的重要载体，是青少年乃至其他社会人士接触科技的前沿阵地。综合性科学技术馆（后文简称综合性科技馆）作为核心的科普基础设施，逐步受到关注与重视，近年来更是被各地政府列为重点建设项目，进入建设高峰期；然而，综合性科技馆在中国发展较晚，目前还属冷僻建筑类型，在学术领域并未开展系统的理论研究，因此未能为工程实践提供理论支撑。在建设需求的压力下，设计方难免仓促臆断，参考相近类型建筑，或是简单地参考国外案例用于方案设计。在短期大量繁衍中更有互相套用、墨守成规的现象，导致中国大量新建科技馆间存在着"千馆一面"的同质化现象。因此，选择有效的方式对综合性科技馆开展使用评价研究有着理论与实践价值。

使用后评价（post-occupancy evaluation, POE）是在建筑稳定运行一段时间的基础上，对建筑进行完整、严格、成体系的评估过程，具有系统性和全面性的特点。建筑使用后评价是建筑设计领域科学且行之有效的理论研究方法之一。对科技馆进行使用后评价研究，通过多方用户反馈信息，了解科技馆的实际使用情况，将其与设计的预期目标进行对比分析，进而得出结论，可以为后续科技馆设计提供参考依据。

第一节　研究背景

一、科技馆正处于建设与待建设高峰期

国际博物馆协会（International Council of Museums, ICOM）将科技类博物馆定义为所有以科学和技术为主题进行展示的博物馆的总称，而科技馆是其中最主要的类型之一。科技馆在中国还常以科学中心、科学宫等命名。综合性科技馆主要是指科技馆中以多学科、多领域为展示和教育对象的科普基础设施，也是科技馆中最核心最重要的一类。

科技馆的前身最早可追溯至17世纪，欧洲各国奉行的社会哲学之一是"以科学为工具进行展示和公众教育"。以法国国家技术博物馆、伦敦科学博物馆等为代表的收藏工业革命新兴机械、科学仪器并开展展览教育活动的第一代科技馆陆续诞生。相较之下，中国科技馆的发展起步较晚，第一座科技馆——中国科技馆于1978年方开始筹备，标志着国内科技馆的建设拉开了序幕；然而，接下来的很长一段时间，国内科技馆的建设未获得足够重视，继而呈现发展滞后的趋势。

步入21世纪，随着中国社会经济的发展、国家对科技教育的重视以及政策的支持，科技馆的建设逐步进入建设高峰期。2021年中国科普统计数据显示，中国科普经费连年显著增长，科普场馆建设持续推进。截至2021年，中国共有科技馆和科学技术类博物馆1677个。

尽管科技馆建成开放数量逐年攀升，但非正常运行、正在筹建中的综合性科技馆占比仍旧居高不下。此外，中国已建综合性科技馆的地理分布极为不均。由于政策原因，20世纪90年代湖北和吉林两省建设了大量县级综合性科技馆，约93座，接近总数的35.91%；而中部除湖北外的其他地区及西部地区，综合性科技馆分别占总数的12.35%和18.15%；在经济较为发达的东部地区，科技馆数量接近全国总数的1/3。而随着中部及西部经济的崛起，科学教育需求的提升，这些地区对科普教育基础设施的需求也将提高，逐渐追赶东部地区，并最终在需求与

分布上达到平衡。由此可见，中国综合性科技馆由于地域的分配不均，尽管数量已达到一定的规模，但尚有较大的建设潜力。

综上所述，随着社会经济的发展，中国综合性科技馆数量正逐年攀升，处于建设高峰期。尽管有一定的基数，但已建成的科技馆也有不少无法正常运行，同时由于已建科技馆在地理上分布不均，致使在较长的一段时间内，中国还将处于科技馆待建设的高峰期。

二、科技馆的运营

尽管国内科技馆处在建设与待建设的高峰期，但科技馆的运营情况颇为尴尬。随着物质条件的极大丰富，人们的精神需求日益提高，各种传统博物馆早已成为闲暇时大众精神生活的寄托，每逢假日，必是游人如织；相比之下，科技馆却显得冷清许多。究其原因，传统的以历史、艺术品为展示内容的博物馆，其展品具有稀有性、珍贵性、独特性等特征。与之相比，科技馆所展示的部分题材均是人们日常生活中触手可及的科技产品。在新媒体的冲击下，人们足不出户即可观看最新科技发展的趋势，且其丰富程度远超任何一座实体科技馆。因此，即便有拓展科学知识的渴望，人们仍没有踏足科技馆学习的迫切性。

当然，现代科技馆在展示中强调展品的互动性与体验性，在思维、感官、身体的多方调动、刺激下激发游客对科学的兴趣与热爱。这种专业性的互动式体验教学是随身式新媒介所无法取代的；然而，就科技馆硬件设施来说，中国现有的科技馆中真正能发挥上述职能并能因此长期吸引游客的场馆并不多。除国家级、省级以及经济发达地区的地市级科技馆外，其他科技馆在运营上因经费紧缺，导致设施陈旧、宣传效果欠佳而门庭冷落。从硬件设施上来看，展陈情况较好的科技馆多为2005年后建成或改扩建的，数量有限。因此，即便人们丰富科学文化生活的意识提高，像发达国家的民众一样逐渐形成了定期参观科技馆的习惯，目前中国的科普基础设施也无法满足民众的这一需求。从运营方式上看，成熟的科技馆有一套完整的吸引游客的手法，例如，美国科技馆的会员制度以及定期的会员沙龙等，将科技馆参观打造成为定期家庭聚会及社交活动，而中国尚未引进这些制度。

通过对多个科技馆的调研，我们了解到，国内科学技术协会（简称科协）下属科技馆绝大部分为公益类场馆，不得以扩大营利为目的，因此在运营上管理层也掣肘于政策限制而无法与市场接轨，无法为游客提供全方位的服务与便利。最突出的问题便是游客的就餐难，场馆餐饮功能空置或者完全缺失。如河北省科技馆，游客就餐借用员工就餐区，高峰期给员工日常作息带来拥挤和不便。其次，科学商店的设置也颇为尴尬，既要满足游客的基本需求又不能过度商业化，致使不少科学商店设计简单乏味，更有不少科技馆并未规划科学商店用房，而是后期在公共区域中单辟一处货柜围合售卖，如黑龙江省科技馆即是在大厅扶梯的下方围合区域进行售卖。实际上，科技馆成功的商业化运营能够为场馆增加吸引力。在广东科学中心的调研中，我们了解到不少游客到访的最初目的是在馆内目前亚洲最大的IMAX影院观看电影，进而再深入了解科学中心。由此可见，成功的商业运营能够与场馆展区相映生辉。

三、科技馆的展示

科技馆传统的展示模式是以若干组机械互动的展品为主，让游客通过观察了解数、理、化等自然科学领域的基础原理，游客接收到的是从书本上实物化的基础知识，其本质上还是传播与接收信息的关系。同时，各展品间无明显的关联，仅依照所属目类放置于相同展厅，各展品所承载的信息以碎片化的形式组合在一起。科技馆传统的展示模式极大地束缚了它以观感为首要识别特性的现代知识传播功能的发挥。近年来，由于智能化信息技术的崛起，整个科技馆的展示发生了颠覆性的变化。信息技术向展示的各个环节全面渗透，展示理念随着展示技术的提高也发生了质的变化，从陈列展示逐渐转变为参与型、互动型乃至场景体验式参观等新方式。

随布展模式的改变而来的不仅是大批展品的更换，还影响到场馆设计、展品布置以及相应配套设施的升级。中国新建的科技馆均积极响应，不同程度地采用了互动式及场景式布展形式，而原有老馆展区也在逐步进行改造更新。尽管在布展理念上国内科技馆已有了长足的进步，然而在笔者调研中偶然发现了以下几点无法忽视的问题。

首先，各新建或改建场馆"千馆一面"、存在展品同质化、展厅缺乏特色的问题。就这一问题，国务院办公厅发布了《全民科学素质行动计划纲要实施方案（2016—2020年）》，其中明确指出工作重点在于因地制宜，发展具有特色的科技馆。出现这一现象的根本原因是场馆没有充分挖掘和利用地方资源与人文优势，并针对优势、特色开发相应的展品，进而对展厅设计方提出相应的设计需求。笔者在调研中发现，广东科学中心由2010年上海世界博览会广东馆整体移植的广东地方展厅（图1-1）不仅深受外地游客的欢迎，同时也引起了本地游客对故土文化的强烈共鸣，合影留念者络绎不绝。

图1-1　广东科学中心广东地方展厅

其次，科技馆展陈滞后于最新科技成果的现象日益突出。笔者在调研中了解到，科技馆的展示主题通常要经历制订任务书、项目立项、招投标直至设备入场的流程，通常需要两年甚至更长的周期。与此同时，科技的发展日新月异，制订任务书时尚属前沿的展品在落成后未必能够赶上科技发展的日新月异。在信息高度发达的今天，设计施工周期过长将会极大地影响科普的时效性，从而导致科技馆展品无法代表最新科技，甚至逊于日常生活中的科技。

此外，不少游客反映科技馆展陈的知识构架大多只能满足低龄儿童的需求，而且展品的科技性不足。科技馆的展示对于大龄儿童或者成人来说过于简单，并不具有吸引力，致使游客兴趣索然。当然，由于目前科技馆的主要参观人群为儿童，策展时势必要考虑儿童的知识基础与理解力。如若基于这一考虑，那么应该增强科普的表达环节，增加互动性场馆和展品的比例，而不应该简单地将知识构架低龄化，削弱科学层级，有损科技含量。一个有丰富层级的知识构架能够服务更大年龄跨度的游客群。

与之类似，展品除了知识构架低龄化外还反映出科技性不足的问题。这一问题直接指向了展品的研发、制作环节与高科技脱节，并未与科研机构形成长期紧密合作的关系。与科研机构密切合作主要有三种形式：（1）将科研机构的最新成果及时地转化为展品，以提高展陈的科技含量。如广东科学中心的"数字家庭体验馆"展区囊括了广东省最新的23项重大科技成果。（2）引入科研团队，为团队提供固定的研发室、实验室等，并将科研过程作为展项，让游客零距离接触到科学的探索历程。如佩洛特自然科学博物馆与考古研究所合作，完整地展示了恐龙化石的清理、修复工作（图1-2），深受好评。（3）在场馆中设置半开放式研究室，为研发团队提供实验与制作空间。固定研发室如前所述，只对游客做过程展示，而半开放式研究室会在固定时间开放，邀请游客入内一同体验研发的过程，对青年及成年游客都颇具吸引力。如旧金山探索馆自1974年起便实施了驻场展示计划，以机械研发室（图1-3）为例，平日是机械设计及加工过程展示，节假日会定时开放，邀请游客亲身实践研发和制作流程。这一展示计划为科技馆开拓了新的展陈领域。

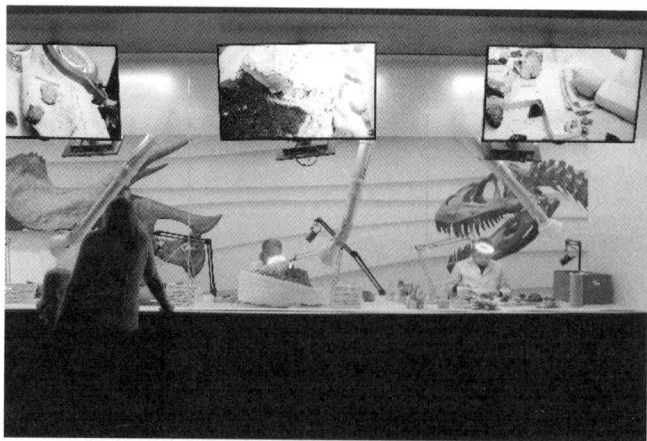

图1-2　佩洛特自然科学博物馆化石科研展

图1-3 旧金山探索馆机械研发室

以上三种形式中，后两种均涉及场馆设计上的改进，需要为科研机构预留合理的实验室空间，并结合研发区域策划展示流线及后勤流线。

四、科技馆的发展趋势

长久以来，科技馆一直扮演着补充式科学技术教育的功能，表现在配合、拓展学校的科技教育内容，以触手可及、身临其境的方式传播科技知识。然而对于新时代的科技馆而言，加强展陈只是其促进发展的环节之一，已有更多的发展趋势在挑战着中国的科技馆。笔者通过参加第十六届亚太科技中心协会年会（ASPAC 2016）及对业内科技馆的调研，总结了以下三点最突出的变化趋势。

首先是场馆的多功能化，主要表现在三个方面。

第一，科技馆作为传统教学的辅助与增补，开始积极主动地配合义务教育，开设公益类校外科学兴趣班、夏令营，以拓展学龄儿童的知识和兴趣。以四川科技馆为例，场馆引入的蒲公英创客学院、杨梅红艺术与科学创意中心（图1-4），分别从科学技术和艺术领域培养儿童的思维与动手能力。这类学校无论从适龄儿童的划分、教室设置，还是空间利用上都有一套成熟的体系。更有甚者，美国标志性的科技馆——富兰克林研究院（Franklin Institute）在假期开设了童子军夏令营，让儿童夜宿科技馆，以便全天候近距离地探索科技馆展品。

图1-4 杨梅红艺术与科学创意中心

第二，部分大型科技馆逐渐承担起学术交流中心的职责，其场馆或会议厅不仅要满足各项会议需求，更需要承接各层级科学竞赛以及科技界以外的学术交流活动。广东科学中心在建馆伊始便将学术交流作为两大核心功能之一，力求为海内外学术交流及会议提供一流的场地（图1-5）。该馆独立于展区设置学术交流中心，包含了总面积17000m²的学术报告厅、活动中心、信息中心以及配套服务设施。与之类似，旧金山探索馆的广播厅定期租借给当地电视台录制节目（图1-6）。而学术交流活动并不限于会议厅内，大厅、纪念厅等任何有特色的大空间均可成为人员集中与学术交流的场所。

图1-5 广东科学中心学术交流中心

图1-6　旧金山探索馆广播厅

第三，尽管国内科协下属科技馆多属于公益类场馆，并不鼓励商业化，但是在市场经济下，科技馆适当的商业化能够提升服务品质，为游客增加便利性，并提升科技馆的吸引力。其中，最明显的商业化趋势便是大力发展影院系统。除了若干特色的穹幕影院、4D影院外，部分场馆与市场接轨，增加了3D影院及IMAX放映厅，与专业电影院线同步放映商业影片。如广东科学中心拥有目前亚洲最大、设备最为精良的IMAX影厅，由于电力成本低于商业院线，影片放映时能保证荧幕亮度，观影效果深受好评。

其次，自2000年开始，中国诸多公共场馆相继对公众免费开放，尤其是同属博物馆宏观范畴内的美术馆、图书馆、纪念馆等。此后，科技馆界进入了对免费开放的摸索与蹒跚学步阶段。2012年，全民科学素质纲要实施工作办公室发布了《2012年全民科学素质行动工作要点》，指出今后要加紧对科技馆免费开放方法的研究，并选择具有代表性的科技馆作为试点。免费政策带来的最直接变化便是人流量的激增，不仅对科技馆的管理和运营带来了巨大的挑战，也极大地考验了场馆的设计。小到取票、安检口的设计，大到场馆布局、流线，都需要重新加以审视，以缓解安全运营的压力。

最后，随着社会的老龄化，科技馆的参观人群也出现老龄化的趋势，并且这一趋势随着免费政策的实施更为凸出。针对这一趋势，场馆无论是从整体的无障碍设施、休息区设计，还是细节上的舒适温度、灯光照度以及引导字体等都需要进行升级，体现对老年游客的关怀。在第十六届亚太科技中心协会年会的小组讨论会上，泰国国家科技馆的工作人员还提出，由于老年人在场馆中对互动性展品操作的理解能力较差，可以设置专门针对老年人设计的以文字、图画、视频为主要展示方式的场馆。

第二节　研究现状

一、科技馆建筑的国内研究现状

相较博物馆及其他公共建筑而言，在建筑设计领域中针对科技馆的系统性研究十分贫乏，极少有学者或建筑师专注于对科技馆的研究。现有的科技馆类书籍可分为以下三种类型。

首先是科普统计及科普年鉴。通过这类书籍显示的数据及对场馆综合情况的介绍，能够从宏观角度了解科技馆的展示、建设、运营现状及业内发展趋势。如《中国科普场馆年鉴》（2015卷）一书中汇集了国内科技馆的使用现状和展教发展情况。徐廷豪在《走进科学技术馆》中介绍了各大型科技馆场馆的布展情况。任福君在《中国科普基础设施发展报告》中分析了针对布展可以进行的场馆升级，并借鉴了国外科技馆基础设施的发展经验，鼓励科技馆拓展功能，进行商业化、服务化的调整。此外，还提出了推行免费政策后科技馆基础设计面临的调整。这类书籍仅仅是对科技馆数据的宏观统计以及各场馆的背景简介，没有对场馆具体问题进行分析和总结。

其次是科技馆从业人员对科技馆的整体研究，其中涉及了场馆使用的策划与反馈。如胡学增在《综合性科技馆内容策划与设计》中介绍了近代科技馆的发展史，对综合性科技馆的综合性进行了定义，认为是学科内容、专业技术以及各设计领域的综合。强调综合性科技馆的设计应包含环境、造型、平面及灯光等多方面而非单一化设计。程东红在《中国现代科技馆体系研究》中指出了科技馆建设中的四大问题，即数量不足、分布不均、规模不合理及建筑设计不合理；从科技馆从业者的角度将建筑设计不合理归纳为过分追求造型而牺牲使用功能、展教业务用房的缺失以及用房布局指标不合理等。李士在《科学中心与科普教育基地建设与发展研究》中介绍了世界各国科学中心的运营方式，并强调了科学中心自营商业的拓展，将其总结为餐饮、书店、商店、举办商务宴会以及向团体集会活动提供场地等。同时，文中还将主要参观人群定位为青少年及以家庭为单位的游客。

最后是针对某一所科技馆的建设说明，如《黑龙江省科技馆工程设计》《上海科技馆建设》《广东科学中心建设与管理研究——建筑篇》等。这类书籍从工程实践的角度总结了科技馆的建筑方案、结构、设备、电气及施工等设计历程，并详细介绍了工程中具体问题的解决方式。

国内针对科技馆建筑设计研究的论文仍显匮乏，仅有两篇硕士学位论文较为深入地研究了科技馆的建筑形式以及空间的互动性。一篇为王雪松的《当代科技馆建筑形式设计研究》，论文中通过对国内外科技馆案例的分析总结，提出了科技馆建筑形式最需要反映的是科技性，并为科技馆的建筑设计形式总结了设计手法。另一篇是王炜航的《现代科技馆建筑空间互动性设计研究》，论文中提出从空间界面、导向、装置三个方面构建科技馆与游客的互动性模式。在界面的设计中，应以游客的感官为传递核心；在导向性的布置上，强调科技馆合理的功能分区及流线；在互动性装置的设置上，需要从行为心理学方面深入了解游客的特质。

其余期刊类文献主要集中在总体设计理念的阐释、立面形式的探索、方案实践历程以及节能策略上。

在总体设计理念的阐释方面，张鹏举在《分解、正交、嵌埋——恩格贝沙漠科学馆的设计策略》中提出了地域性在情感上的表达能够通过场所感的营造来实现。谭京在《山水之间——浅谈重庆科技馆的设计创作》中阐释了在设计重庆科技馆时考虑将地域设计方法与后现代建筑设计手法加以融合、平衡，从而找到解决建筑风格途径的过程。

在对立面形式的探索上，研究人员主要从技术手法与地域性融合的角度出发进行讨论。王扬等在《基于参数化设计的文化建筑综合体表皮设计研究——以烟台科技馆表皮设计为例》中提到尝试在烟台科技馆的设计中，挖掘地域文化，提取、抽象地域元素，并用参数化的工具将地域文化折射于科技馆立面的表达，从而寻找出一种兼顾科技馆外立面地域性及科技性双重表达的方法。盘育丹在《岭南地域性文化建筑设计策略初探——以佛山青少年宫和科技馆为例》中从建筑造型的形态、肌理、节能等角度，剖析了佛山科学馆的设计历程，并着重阐述如何让设计更具岭南地域特色。

在方案实践的历程上，马志武等在《为城市设计建筑——江西省科技馆设计方案体会》中分析了江西省科技馆设计中如何处理建筑与基地、城市以及文化之间的关系，得出了设计必须从把握城市整体美的角度出发，重视场地的脉络特征。与之相似的研究角度，还有张景芳的《谈山西省科技馆建筑设计》等。

从节能和消防角度出发，曹森等在《"界面—腔体"作为能量核心的被动式超低能耗建筑设计实践——以五方科技馆为例》中分析了基于被动式超低能耗理念的"界面—腔体"式设计手法在五方科技馆设计中的应用。张辉、黎柱立在《地域化绿色建筑探析与实践——合肥市青少年科技馆设计》中从日照、遮阳、通风三个方面对设计进行了分析，并根据环境数据对设计方案进行了调整。刘晶、刘鹏在《某科技馆在消防设计中的难点、模拟分析及防火措施》中提出了某科技馆建筑中庭面积超过最大防火分区面积的解决方案。

此外，中国台湾地区对科技馆的研究主要集中在服务品质、教学成效以及科学表演的设计上，甚少涉及建筑设计领域。张莉欣与曾于宁的《教育展示空间设计因子之研究——以科博馆植物园为例》从行为学的角度分析了科技馆中以景观叙事模式呈现展品对游客参观行为的影响。景观叙事模式能够提升展品对观众的吸引力，而解说展板的形式会影响场景对观众的吸引力。景观叙事模式和解说展板之间的位置关系会对观众的互动性学习行为产生影响。

二、科技馆建筑的国外研究现状

国外对科技馆的研究绝大多数是基于展品设计及儿童教育的角度，而针对科技馆建筑的研究多是作为博物馆研究中的特殊案例被偶尔提及，甚少有以科技馆建筑作为主要研究对象的书籍。S.麦克劳德在《重塑博物馆空间》（*Reshaping museum space*）中以"重塑博物馆空间"为议题，以亚利桑那科学中心作为案例之一，反映了博物馆空间的复杂性、重要性和延展性，为空间改造过程中出现的矛盾提出了解决的途径和建议。

在期刊文章方面，S.福根在《建造博物馆：知识、冲突和地点的力量》（*Building the museum*: *Knowledge, conflict, and the power of place*）中研究了博物馆的功能及参观氛围的营造。文章提出，博物馆是一个功能复杂的地方，应站在科研、工作和展示三个功能的焦点上，采用三种功能互补的方式来分析博物馆建筑。其中以瑞典国家自然历史博物馆（Swedish Museum of Natural History）为案例，提到应将游客视为积极的参与者，并通过游客的感官体验检查建筑物对游客情感的影响。

科技馆内游客路径的偏好亦是学者研究的方向之一。J.D.瓦恩曼和J.佩波尼斯在《建构空间意义：博物馆设计中的空间可视性》（*Constructing spatial meaning*: *Spatial affordances in museum design*）中探寻了科技馆设计中如何构建空间荷载，也就是展品的位置与参观者路径之间的关系。文章以大湖科学中心（Great Lake Science Center）、卡耐基科学中心（Carnegie Science Center）以及圣何塞技术创新博物馆（San Jose Technology Museum of Innovation）展厅中的游客路径为例研究了访客的路径模式，并得出了直接可达性是游客路径的最主要影响因素。主题的高辨识程度能够成为游客选择下一个展品的主要动因之一。随着参观的进行，游客逐渐开始选择新主题的展品，并且倾向于选择路径更短、易达性高的新主题展品。在各展品的主题辨识度和易达性均很高的情况下，游客在馆内的路线和位置分布将趋于均匀分布状态。I.卡伊纳尔在《开放式博物馆的可视性、运动路径和偏好：对安娜堡动手博物馆的观察性和描述性研究》（*Visibility, movement paths and preferences in open plan museums*: *An observational and descriptive study of the Ann Arbor Hands-on Museum*）中以一个提升儿童动手能力的科技馆——安娜堡动手博物馆（Ann Arbor Hands-On Museum）为对象，研究了开放式博物馆的空间可识别性。结果表明，可识别性是科技馆的空间特征之一。基于可识别性，空间布局会影响开放式场馆中的游客运动模式。相应地，开放式场馆也可以通过改变识别性来构建和引导游客的运动轨迹。

此外，C.A.科内和K.肯德尔在《空间、时间和家庭互动：明尼苏达科学博物馆的游客行为》（*Space, time, and family interaction*: *Visitor behavior at the Science*

Museum of Minnesota）中还从游客行为学的角度出发，研究了明尼苏达科学博物馆（Science Museum of Minnesota）游客的参观习惯以及以家庭为单位的游客的参观模式。研究人员在对明尼苏达科学博物馆的调研中发现，当展厅中有巨型展品时，游客路径很少能遵循场馆设定的参观顺序，常会被巨型展品吸引，进行跨越式参观。随着时间的推移，游客参观的展品数量、停留时间以及家庭成员之间的互动都在减少。另外，科技馆的参观对于家庭参观的成员来说是重构家庭相处模式、学会共同对外社交的过程。家庭成员因年龄和性别的不同，在参观中表现出不同的模式。例如，父母会频繁地因展品内容而和小孩沟通，但平时相互间这样的沟通较少。

三、使用后评价的国内研究现状

建成环境使用后评价研究在中国开始较晚，直到20世纪70年代末才逐步有学者涉入该领域的研究，其中，以常怀生、吴硕贤、杨公侠、胡正凡、林玉莲、庄惟敏、徐磊青、朱小雷等为代表的学者率先在诸多建筑领域中对使用后评价进行了探索（表1-1）。

表1-1　中国建成环境使用后评价领域的代表性研究

作者	使用后评价代表性文献	重要内容与观点
常怀生	《建筑环境心理学》《环境心理学与室内设计》	介绍了使用后评价的理论、方法，以及在日本的评价实践成果，研究偏重于人与客观物质环境之间的关联与互动
吴硕贤	《建筑学的重要研究方向——使用后评价》《对建成环境的舒适性层次评价分析》	在建立较为完整的评价因子模型框架的基础上，扩展了综合评价的数据分析方式
杨公侠	《视觉与视觉环境》《环境心理学的理论模型和研究方法》《环境心理学：环境、知觉和行为》	在环境评价理论中引入视觉感知理论，并介绍了"块面语句法"以及"目标场所理论"
林玉莲、胡正凡	《环境心理学》	采用认知地图的方式对校园环境进行评估，讨论了公共环境中的意向要素

作者	使用后评价代表性文献	重要内容与观点
庄惟敏	《建筑策划导论》 《建筑策划与后评估》	发展了"语义差异法"作为评价手法的系统框架，以作为策划判定的信息基础。提出了建筑前策划与后评估在建筑整个周期中延续性、关联性的角色
徐磊青	《场所评价的理论和实践》 《环境心理学：环境、知觉和行为》	介绍了国外以环境心理学为依据的评价理论，结合住区项目提出了综合性的评价模型，强调社会、空间、设施三方面的体验
朱小雷	《建成环境主观评价方法研究》 《大学校园环境主观质量的多级模糊综合评价》	从方法学的角度完善了主观评价方法论体系，强调了方法论、学科一般方法以及具体技术的应用

目前对科技馆的评价主要是在科普教育质量、运营效益、从业人员培养等方面，罕有对场馆建成环境进行的使用后评价。

总体而言，中国建成环境使用后评价研究起步较晚，尚处于探索阶段，在引入国外理论的基础上不断进行研究方式的探索。由于迈入21世纪后，中国开始逐步进入建设高峰期，建筑实践达到前所未有的高峰，高速建设下设计、施工的问题为后评估带来了充足的素材，基于项目实践的理论研究也达到了高峰。但评价工作大多停留在方案设计、建设环境上，较少关注受试者的使用心理、项目所处的社会背景及文化环境等。

此外，评价研究结果长期以来并未引起设计师的重视，这也是源于后评估成果缺乏有效的反馈及约束机制以供设计师参考。近年来，这一问题已引起国家重视。2014年，住房和城乡建设部在《住房城乡建设部关于推进建筑业发展和改革的若干意见》中提出"应积极探索研究大型公共建筑设计后评估"这一议题，并且自2018年开始将使用后评价作为全国注册建筑师继续教育的必修课，引起了执业建筑师的重视。

四、使用后评价的国外研究现状

使用后评价萌生于20世纪初，最初是作为一种探寻建筑环境与经济生产关系的研究手段。随后，历经第二次世界大战后建设高潮的欧美国家开始思索大规模建设活动所带来的一系列失败案例，总结发现失败的原因是由于缺乏既成项目的使用反馈，从而逐渐重视并倡导后评估体系的建立。与此同时，自20世纪60年代开始，大量的建筑师也开始对由建筑形式和技术主导的设计方式进行反思。美国学者开始针对不同类型的建筑进行使用后调研，范围涵盖了住宅、精神病院以及监狱等。其后，与之相关的研究机构，如环境设计研究协会（Environmental Design Research Association, EDRA）、设施管理研究院（Facility Management Institute, FMI）等陆续成立。截至20世纪80年代，美国已将使用后评价研究广泛地应用于公寓、医院、办公、学校等建筑类型。伴随着后现代主义多元化思潮的出现，自20世纪80年代后，使用后评价亦出现多元化的趋势，受到相关学科理论发展的影响，最明显的特点便是吸纳了诸多社会学科的研究方法。

近年来，国外使用后评价研究呈现出几大显著特点。首先是评价方法的多元化，如J.泽伊泽尔在《环境行为研究工具》（*Tools for environment-behaviour research*）一书中将心理学、行为学的方法用于建筑评价中；舍伍德等将病理学中的"病态建筑综合征"（Sick Building Syndrome）引入办公室环境研究中。其次是计算机编程、多媒体以及地理信息系统（Geographic Information System, GIS）等信息技术开始逐渐成为使用后评价的有效辅助手段。在《个人舒适模型——以乘员为中心的环境控制热舒适的新范例》（*Personal comfort models—A new paradigm in thermal comfort for occupant-centric environmental control*）中，J.基姆等在做室内环境评价时运用了R语言编程技术。此外，评价所覆盖的时间维度被极大扩展，并不仅限于使用后阶段，项目前期策划、建设过程及投入使用后的建筑设备管理也同样被强调。而将各阶段的评价整合成与建筑生成周期相平行的闭环也是H.沙诺夫在《整合规划、评估与参与设计（劳特利奇复兴）——Z理论方法》[*Integrating programming, evaluation and participation in design (Routledge Revivals): A theory Z approach*]中所尝试的研究方向。

值得一提的是，使用后评价在建筑学教育及执业领域已逐渐被各国所重视。自20世纪70年代开始，巴西圣保罗大学（University of São Paulo）建筑与规划学院便开设了建成环境使用后评估的课程。德国于2000年将后评估纳入建筑学科体系中。与此同时，美国建筑师协会（American Institute of Architects, AIA）在1969年设立了"25年奖"，颁发给运行25～35年后仍能保持良好状态，并得到业主良好使用后评价的建筑。

第三节　相关学科的研究、研究方法以及技术路线

一、相关学科的研究

在近30年的高速发展中，中国经历了规模最大、速度最快的城市建设阶段，取得了引人注目的成就。然而，30年来高速建设也积累了一些弊端。对相关弊端的诊断与解决也逐渐为世人所关注。在充足的研究样本与研究的迫切性下，建成环境使用后评价这一科学手法得到了长足发展，其研究框架与方法论在实践中不断地更新、完善。本书以建筑学、建成环境使用后评价以及博物馆学作为贯穿研究始终的核心理论，而统计学、环境心理学、环境行为学等学科的要义作为辅助性理论支撑穿插使用。

二、研究方法

（一）文献研究法

对涉及科技馆和使用后评价的各类文献进行查阅、整理、分析，了解本课题及其相关领域的现状和成果，在此基础上进行深入、扩展、比较及总结。

（二）归纳演绎法

由多个研究案例出发，从中剖析、总结出具有概括性的结论，力求在有限的案例中探寻研究对象的规律。从建筑师的既有经验出发，经过合理的演绎，推

导出结论，并观测、检验该经验本身、推导过程以及结论的可行性与有效性。

（三）个案研究法

选取具有代表性的研究样本在一段时间内连续、集中地进行调研，发现使用中的问题，以及问题产生、发展、延续的过程，探寻解决的途径。

（四）实证研究法

在尽可能排除价值判断的基础上，深入探索客观现象，力求揭示现象的组成元素以及各元素之间的关联性。其目的在于认清研究对象在客观条件下的发展规律和逻辑。

（五）统计学分析法

将研究主体评价合理量化，再结合分析方法与统计软件，使数据处理的过程具有有效性与高效性。本次研究主要采用Excel、SPSS、Origin等软件来辅助进行数据处理。

三、技术路线

研究基于使用者的需求，就科技馆的建成环境与存在问题，运用体系架构完整的"结构–人文"评价法，力求从多角度、以多方法评价研究对象，探寻问题的根源与本质。

本次研究将参考既成体系的使用后评价方法与程序，严格恪守主客观的结合，遵循定量与定性兼顾的原则，主要采取以下研究路线：（1）将科学研究方法（归纳演绎法、实证研究法、统计学分析法等）和人文社会科学的研究方法（定性研究、定量研究等）进行综合性的运用。（2）采取量化分析的结构问卷、观察、访谈等调研方式收集数据、整合资料。（3）选取结构化的定量分析法、人文化的定性分析法以及平衡二者的半结构法作为具体评价方法。（4）应用计算机软件对调研数据加以整理、分析，以保证结果的信度与效度。

第四节　研究意义、范围及策略

一、研究意义

（一）科技馆正处于建设与待建设高峰期

1994年，中共中央、国务院发布了《中共中央、国务院关于加强科学技术普及工作的若干意见》。该文件的发布在20世纪90年代促进了国内科技馆第一轮的建设高潮。这一批科技馆在规模、功能以及展陈上远远无法满足现代科技展示的需求，尽管部分展馆已陆续筹建更新，但仍有一些场馆处于非正常运行中。这些场馆在改造更新上有着极大的潜在需求。

2008年前后，随着中国经济的高速发展，加之国家一系列的政策鼓励，科技馆的建设又迎来一轮高峰，至今新建科技馆数量仍持续稳步增长。虽然在第二轮的建设高潮中，新建科技馆通过累积建设经验、自身摸索及借鉴国外案例等方式得到长足的进步，但从概念、设计、施工到运营，与国外成熟体系相比仍旧处于发展初期，存在一系列的问题。尤其目前国内科技馆正处于建设与待建设高峰期，既存在新建科技馆以增加科普覆盖密度的需求，又存在老一批场馆面临更新的需求，迫切需要使用后评价，帮助建筑师更加客观、严谨、全面地审视设计中的问题，了解使用者真正的需求。

（二）针对科技馆建筑的理论研究较少

如前文文献研究中所述，在建筑设计领域中，针对科技馆的系统性研究十分贫乏。目前已知的研究中，与科技馆建筑相关的书籍仅局限于对各大场馆工程的总结，有限的几篇硕士论文仅针对立面形式及空间互动性进行了研究，其余的期刊文献则多属于对科技馆方案设计出发点的说明。在科技馆建筑理论上缺乏从设计方案到使用运营乃至用户反馈之间的关联性研究。笔者从方案设计预期到实际使用情况对科技馆开展了深入的研究，藉以能够丰富科技馆建筑的理论研究体系。

（三）科技馆的规划与设计存在诸多问题

将科技馆的使用者细分为三类，即管理运营人员、现场工作人员和游客，针对三类使用人群的使用共性及特性提取评价元素，运用使用后评价的方法对综合性科技馆的建成环境进行研究与评价，发现实际使用过程中所暴露的场馆设计问题，紧跟科技馆展陈、商业化服务的发展趋势，探讨场馆功能、设施的升级方案。

（四）对《科学技术馆建设标准》（建标101—2007）的更新和完善提出建议

住房和城乡建设部、国家发展和改革委员会于2007年发布了《科学技术馆建设标准》（建标 101—2007），于2007年8月1日起施行。该标准是针对中国科技馆类建筑的第一本规范性标准。作为第一个摸索性的建设标准，其编撰受到当时中国既存科技馆设计水平的制约。截至2023年，初版建设标准已有十余年未曾更新。随着科技的进步、展陈理念的更新，原有科技馆在诸多方面已无法满足现代科技馆的需求，迫切需要对原有标准中滞后的部分进行修正、更新。因此，本书还将对《科学技术馆建设标准》（建标 101—2007）的修正和更新提出建议。

二、研究范围

建成环境使用后评价是基于使用者的心理、生理需求以及在特定场所下的行为模式，对建成环境进行的反馈式研究，以期为今后同类型建筑设计提供参考。因此，本书对科技馆的研究强调从场馆的主要使用人群——管理运营人员、现场工作人员以及游客的评价出发，多角度地进行深入研究；然而，鉴于现代科技馆功能的多元性、复杂性，本次研究受研究重点限制，无法做到对场馆的各个方面均进行深入的探讨，但仍将尽力对使用者反馈较为集中的问题进行探讨，力求得到客观而翔实的答案。

三、研究策略

（一）基本策略

综合性科技馆作为集多学科领域展示、会务交流、科教培训、课外教育、商业观览等多功能于一体的大型博览类建筑，具有高度的复杂性。同时，科技馆的展示随着科技的进步日新月异，因此，研究也需紧扣科技馆的前沿发展趋势。本次研究力求评价主体（管理运营人员、现场工作人员、游客）、评价客体以及研究方法（观察法、访谈法、层次分析法、统计分析法）的综合性与多样性，从而能更科学地探寻问题的根源与本质。

（二）研究框架

本次研究的逻辑结构框架如下（图1-7）。

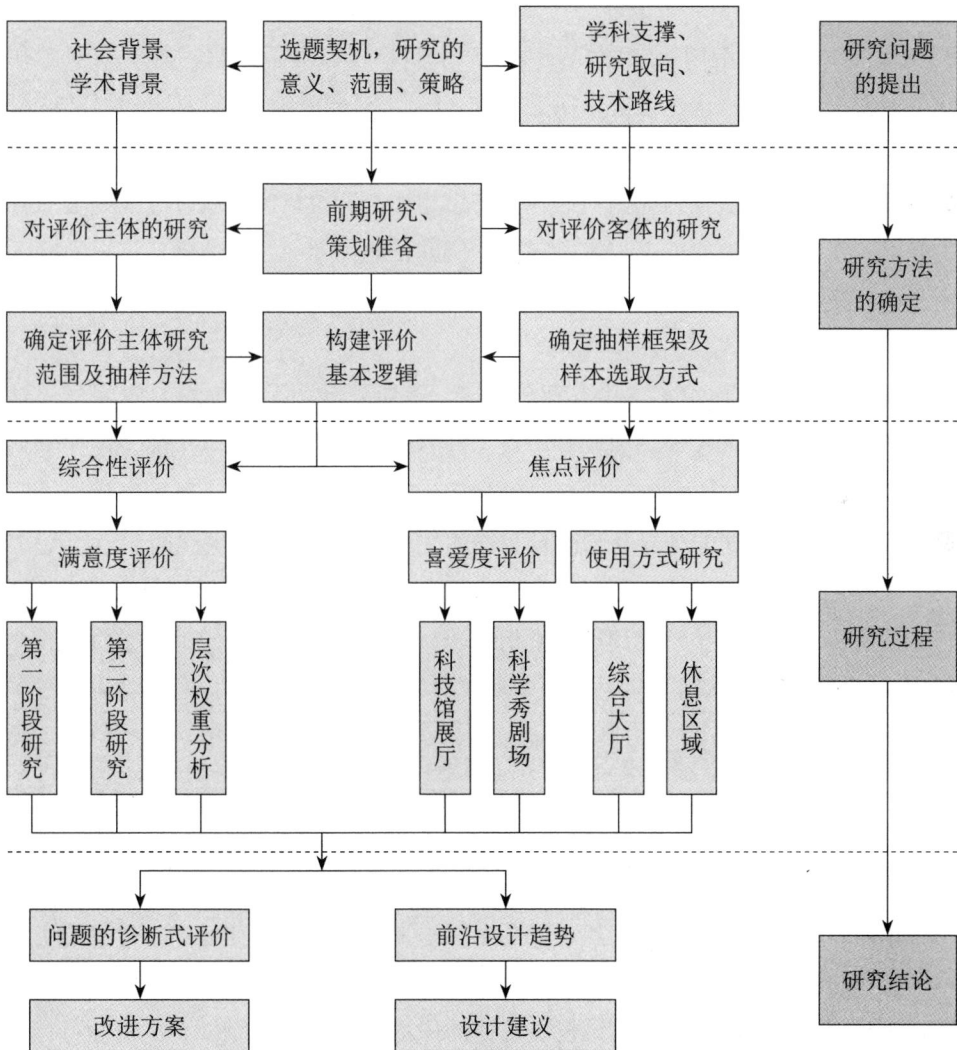

图1-7　逻辑结构框架

第五节　研究特色、创新点和局限性

一、研究特色

虽然自1978年中国第一座科技馆——中国科技馆筹备开始，科技馆便已存在，但由于中国大规模建设集中在近十年，因此，严格来说，符合现代科技展示需求的综合性科技馆在中国尚属新生事物，在建筑理论上尚未开展体系化研究。尽管国外科技馆发展较为成熟，但与博物馆相比，建设量少，城市与区域之间数量有限，在建筑理论研究上也属于较为冷僻的范畴，并无系统性研究可供借鉴。由于科技馆亦属于科技类博物馆，因此，在理论探索中，本次研究会参照部分博物馆的功能组织方式。

本次研究从科技馆的三类主要使用者（管理运营人员、现场工作人员、游客）的角度出发，通过现场观察、访谈、问卷调查等研究方式，从综合性评价和焦点评价两个方面对科技馆开展系统的使用后评价。研究充实了科技馆建筑设计理论，同时能够将建筑师容易妄断及忽略的使用者的需求作为关注的焦点。

本次研究将第十六届亚太科技中心协会年会上提出的科技馆前沿发展趋势与十余所海外知名科技馆的调研结果相结合，阐明了科技馆设计所面临的挑战并提出了相应的设计建议。

二、研究的创新点

中国针对科技馆建筑理论的研究较为匮乏。本次研究从三类主要使用者的角度出发，在综合性评价及焦点评价两个层次上，结合多种研究方法对中国综合性科技馆进行了较为全面、深入的研究，丰富了中国关于综合性科技馆建筑使用后评价领域的研究和中国科技馆建筑设计的理论体系。

本次研究在满意度评价的基础上通过层次分析法，提出了综合性科技馆建筑设计的建成环境使用后评价指标框架，为建筑师梳理了设计重点。根据喜爱度评价的反馈意见对指标模型进行调整与修正，提高了研究的科学性与严谨性。

从建筑设计的角度对综合性科技馆提出了系统性的设计建议，并根据研究成果对《科学技术馆建设标准》（建标101—2007）的部分条文提出了修正建议。

三、研究的局限性

（一）研究范围的局限性

按照国际博物馆协会的总结，科技类博物馆还包括自然博物馆、各专业科技分类博物馆及天文馆等，类型较多。综合性科技馆仅是科技类博物馆中一个具有代表性的领域，且由于区域经济发展水平和覆盖人群范围的不同，不同场馆的尺度、配置均有较大差异。受研究精力所限，本次研究只能在科技类博物馆中选择最具代表性的综合性科技馆作为研究客体，同时受调研条件所限，亦只能在综合性科技馆中选择若干典型案例加以剖析。

（二）问卷调研的局限性

经过多年的发展，建成环境使用后评价已有一套较成熟、严谨的研究模式，然而在问卷拟定时往往会受限于调研条件及研究人员的阅历等。在综合性科技馆调研中受研究条件所限，三类研究主体中管理运营人员、现场工作人员与游客相比数量有限，存在样本量较少的问题。

（三）受试者的局限性

本次研究中受试者主要由管理运营人员、现场工作人员以及游客构成。调研期间，前两类人员均是在工作间隙尽力配合调查，难免有无法专注、难以深入的情况。在触及敏感问题时，员工也不免会放宽评价标准，与事实有所偏差。而游客由于文化素养差异，难免对研究内容和目的存在认识上的偏差，同时由于受访时心态各异，偶有勉强应付的情况。此外，在调研中，笔者尽力覆盖各年龄层游客，但明显感觉高龄游客受文化程度及理解力的限制，对调研内容的反馈准确性偏低。

第六节　相关重要概念

一、科技馆

根据国际博物馆协会对科技类博物馆的定义，科技馆属于科技类博物馆的分支，科技类博物馆是以认识、保护、改造自然和人类认知为内容的博物馆。在中国，科技馆主要承担着两类教育活动：一类是与学校课程相关的活动，受众主要为在校生；另一类是公众、社会教育，目标人群为各年龄段游客。此外，科技馆还具有社会服务功能，主要表现在为公众提供科技展示、休闲、表演、展会、沙龙、学术交流等服务。

由于科技馆从文字上近似科技类博物馆的简称，实则只是其中的分支，概念极易混淆。除科技馆外，科技类博物馆还包括自然博物馆、各专业科技类博物馆等，种类繁多，差异性较大，故不属于此次研究的范畴。本次研究的"科技馆"主要是指以科技馆、科学中心、科学宫等方式命名的，以展示、普及科学与技术为主要内容的科技类博物馆的统称。

二、综合性

《科学技术馆建设标准》（建标101—2007）中将"综合性科技馆"中的"综合"定义为"以多学科领域内容为收藏和展示对象"，而《综合性科技馆内容策划与设计》一书中认为"综合"二字体现在四个方面：首先是科学、技术与艺术的综合，其展示内容并非单一主题；其次是展示内容的综合，单个展项可以是多个学科知识的融合；此外，展项本身也反映了多专业技术的综合运用；最重要的是，综合性科技馆的设计体现了各设计领域的综合，包括了建筑设计、环境设计、室内设计、平面设计以及灯光等多个工种。选择综合性科技馆作为研究主题，主要考虑到以下三方面因素。

（一）研究客体最具代表性

无论是在科协管理系统中，还是在非科协管理系统中，综合性科技馆均占大多数，具有极强的代表性。

（二）研究客体的功能最为全面

综合性科技馆由于展示内容的多元化与综合化，规模相对较大，功能也最为齐全，具有深入研究的价值。各行政区所辖科技馆也基本为综合性科技馆，因此在建设规模上有一定的保证。与之相比，各专业类科技馆受展示内容及投资金额所限，建筑面积较小，展教功能相对薄弱。同时，非综合性科技馆通常专注于一个或几个专业领域，由于专业领域的不同导致展陈方式、展品组织与展厅设计差异性极大，无法在研究方式上形成统一的逻辑和评判标准。

（三）研究主体的样本量极为丰富

如前文所述，综合性科技馆从投资、规模展品的多元性上与其他科技类博物馆相比均有着明显的优势，因此最具影响力，游客人数多，受众面广。这意味着调研的主体样本量极为充足，受试者年龄、职业、受教育程度都有着广泛的覆盖面。而各专业性科技馆的游客受场馆主题的影响，无论是年龄、职业还是受教育程度都呈现出一定范围的局限性，且场馆之间表现出极大的差异性。因此，本次研究将选择综合性科技馆作为研究对象，同时选择若干在规模、行政区域划分及展陈设置上具有代表性的场馆作为案例。故后文所提及的科技馆无特定说明时均指综合性科技馆。

三、使用后评价

W.普赖泽尔将建成环境使用后评价定义为建筑在建成并使用一段时间后，对其性能进行的系统且严格的评估过程。这一过程囊括了数据采集、整理、分析，对使用中的环境、设施进行系统评估等程序。其目的是通过设计预期与实际使用的比较，确定建筑物是否满足使用者需求，从而为建筑师提供一个更好的设计标准。本次研究在综合性科技馆稳定运行一段时间后，在正常使用情况下，对科技馆的管理运营人员、现场工作人员以及游客的使用感受进行调研、分析，能够体现出时效性与科学性。

第七节　本章小结

　　本章首先说明了研究的时代背景、社会背景以及现实意义，明确了研究的立题依据。随后，梳理了科技馆建筑及使用后评价的国内外发展历史、研究现状及研究特点；在梳理了学科支撑、研究方法以及技术路线的基础上，阐明了本次研究的意义、范围以及研究策略，并进一步分析了本次研究的特色、创新点和局限性。最后，对研究中涉及的重要概念进行了划定和解释。

| 第二章 |

评价前期筹备

本章是第一章的扩展和深化，将在其基础上具体化研究重点。本章通过对评价主体及客体的探索性研究，初步明确了综合性科技馆三类评价主体（管理运营人员、现场工作人员及游客）的行为模式、使用习惯及主观需求，结合图纸的收集与分析，掌握了中国综合性科技馆的建成环境现状与使用概况。通过对探索性研究中受试者所关注的问题进行整理分析，进一步明确了评价主体的研究范围、抽样方式，同时确定了评价客体的研究框架和样本提取方式。总体而言，本章是评价前期的探索性研究，为详细研究提供了技术准备与理论支撑。

第一节　前期筹备的目的

主要有以下三个方面：（1）通过对科技馆及使用后评价国内外文献的研究、对科技馆相关技术图纸的分析以及对场馆的实地调研，研究力图深入了解科技馆的设计原理，把握具有代表性的综合性科技馆系统性的资料，从而能对科技馆的设计、运营有全面、清晰的认识。（2）深入了解科技馆三类使用者的需求与建筑师设计意图之间的差距，探寻差距产生的缘由。（3）在以上研究的基础上，明确中国综合性科技馆的评价旨趣和研究内容，继而确定评价方法及研究的技术策略。前期研究工作框架见图2-1。

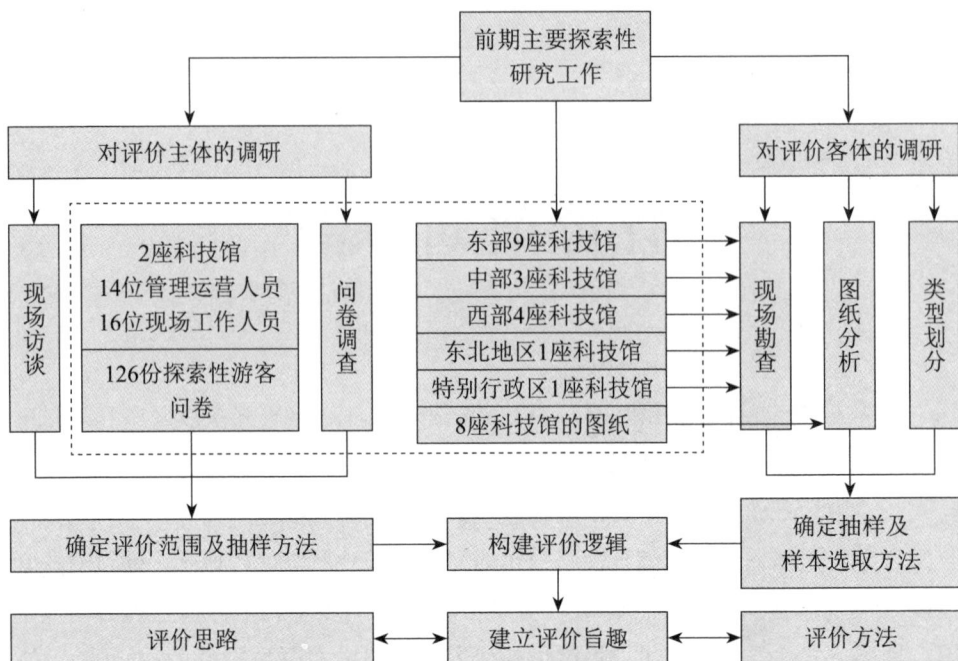

图2-1 前期研究工作框架

第二节 对评价客体的初始研究

一、评价客体的研究范围

在第一章中已经明确了"综合性"的定义,本书所研究的综合性科技馆是指从展示内容上综合了多学科领域的科技馆。研究所选择的科技馆样本通常设于各大重要城市,或该科技馆在所属行政区域的科普工作中起着核心作用,且其场馆在设计中体现了一定水准,具有典型性与研究价值。

鉴于部分旧有建筑改造类科技馆(如四川科技馆等)除建筑结构未改造外,其余部分均已针对科技馆使用功能进行适宜的改造更新,重新投入运营后深受好评。因此,尽管本次研究的范围主要是初期立项便是综合性科技馆的专业性场馆，但为使评价客体具有一定的综合性、全面性，改造类个案也一并纳入研究范围中，但未占较大数量。

总体而言，公共建筑、基础设施的发展情况与区域经济环境息息相关。中国东部区域（以"长三角""珠三角"区域为代表）经济较为发达，而中部、西部及东北地区明显滞后。因此，样本选取时常以区域经济作为选择依据之一。然而，就初步调研结果来看，由于绝大部分科技馆属于公益类单位，其投资基本依赖于财政拨款，但国家对于一定行政区域级别的综合性科技馆规模都有固定要求，因此，中部、西部场馆设施并未明显滞后于东南沿海地区。本次研究在选取样本时首先考虑调研条件，其次兼顾区域的差异性，拟选择东部、中部、西部及东北地区具有一定代表性的17座综合性科技馆及香港科学馆作为研究样本（表2-1）。

表2-1 国内科技馆调研列表

所在区域	调研场馆	级别	规模	建筑面积/m²	展厅面积/m²
东部	中国科技馆	国家级	特大型	102000	40000
	天津科技馆	直辖市级	大型	18000	10000
	河北省科技馆	省级	中型	12700	8400
	苏州青少年科技馆	区级	大型	23000	6500
	上海科技馆	直辖市级	特大型	100600	26800
	广东科学中心	省级	特大型	140700	51000
	深圳科学馆	副省级	中型	12000	5000
	佛山科学馆	地市级	大型	23700	10500
	东莞科技馆	地市级	特大型	36000	12000
中部	山西省科技馆	省级	特大型	30000	14000
	湖南省科技馆	省级	大型	28113	12300
	武汉科技馆	地市级	特大型	30000	13400
西部	陕西科技馆	省级	中型	9770	4736
	重庆科技馆	直辖市级	特大型	48300	26300
	四川科技馆	省级	特大型	41800	25000
	雅安科技馆	地市级	小型	6613	3000
东北地区	黑龙江省科技馆	省级	大型	25000	12000
特别行政区	香港科学馆	特别行政区级	中型	13000	6500

他山之石，可以攻玉。为对国内科技馆的发展情况有更为客观、深入的了解，笔者还调研了16座美国知名的科技馆以及亚洲负有盛名的科技馆——日本科学未来馆（表2-2），拟通过对世界一流科技馆使用情况的调研，开阔眼界及设计思路，探寻科技馆的发展趋势，为中国综合性科技馆设计的改进提供参考。

表2-2　国外科技馆调研列表

所在区域	调研场馆	场馆设计特点
美国中部	佩洛特自然科学博物馆（Perot Museum of Nature and Science, PMNS）	空间极度丰富
	沃斯堡科学与历史博物馆（Fort Worth Museum of Science and History, FWMSH）	室外展区内容丰富
美国西部	旧金山探索馆（Exploratorium）	场馆节能
	圣何塞儿童探索博物馆（Children's Discovery Museum of San Jose, CDMSJ）	展品布置密度高
	硅谷计算机历史博物馆（Computer History Museum, CHM）	流线设置
	谢伯特太空及科学馆（Chabot Space & Science Center, CSSC）	应对自然灾害
	俄勒冈科学与工业博物馆（Oregon Museum of Science and Industry, OMSI）	室外展区流线
	加州科学中心（California Science Center, CSC）	半地下停车场设计
	加州科学院（California Academy of Sciences, CAS）	展厅低能耗
	劳伦斯科学厅（Lawrence Hall of Science, LHS）	大学附属类科技馆
美国东部	查尔斯·海登天文馆（Charles Hayden Planetarium, CHP）	展出麻省理工学院的研究成果
	哈佛自然历史博物馆（Harvard Museum of Natural History, HMNH）	科技馆部分较少
	美国国家航空航天博物馆（National Air and Space Museum in Washington, D.C.; NASM）	大型航空航天展品
	新泽西自由科学中心（Liberty Science Center, LSC）	纽约天际线展示
	纽约科学馆（New York Hall of Science, NYSCI）	科学教室设置
	富兰克林研究院（Franklin Institute）	改造利用
日本	日本科学未来馆（Miraikan）	细部设计

二、对评价客体的实地调研

作为研究的初次实地调研，这一阶段的工作首先是深入认识科技馆的运营模式，包括了解管理运营人员的日常管理、经营工作，现场工作人员的职能分配；其次，是观察、记录各类游客在场馆中的参观、休息、就餐、互动等行为；最后，是对三类使用人群进行访谈，以期获得更多与场馆使用相关的信息。

在调研客体的选择中，本次研究重视科技馆的典型性、代表性与广泛性，主要从三个方面进行考虑，具体调研场馆见表2-1。首先，调研覆盖了中国东部、中部、西部、东北地区、特别行政区5个区域的场馆。由于东部地区科技馆起步较早、数量较多，而中部、西部发展较为均衡，因此调研选择了9座东部科技馆、3座中部科技馆以及4座西部科技馆。除此之外，还调研了1座东北地区科技馆、1座特别行政区科技馆。其次，根据《科学技术馆建设标准》（建标101—2007）对科技馆规模的划分，调研选择了8座特大型馆（建筑面积30000m²以上），5座大型馆（建筑面积15000～30000m²），4座中型馆（建筑面积8000～15000m²），1座小型馆（建筑面积8000m²及以下）。此外，考虑到不同行政级别下属科技馆投资差异及社会影响力度的差别，因此调研覆盖了1座国家级、3座直辖市级、7座省级、1座副省级、4座地市级、1座区级以及1座特别行政区级场馆。值得一提的是，调研中的中国科技馆、上海科技馆以及广东科学中心为国内规模最大、影响力最大的3座场馆。调研过程主要包括以下三个阶段：（1）2016年5月，笔者参加中国科技馆举办的第十六届亚太科技中心协会年会，并对该场馆进行调研。2016年7月，笔者随广东科学中心考察团走访了正在改建中的四川科技馆，获得了改造前的场馆资料，深入了解了改造后的运营理念。2016年8—11月，笔者集中对粤港澳大湾区的5座科技馆及上海科技馆进行实地勘察，对其建筑风格、规模、平面布局、展厅设计、公共空间、休息区域和流线组织等做了系统性调研。（2）2017年6—12月，笔者主要对4座西部地区的科技馆进行了调研，其中四川科技馆处于试运行状态（于2018年5月稳定运营后再次调研）。随后，再次对广东科学中心、东莞科技馆进行调研。在上一阶段调研的基础上，对不同地区的场馆进行了对比及类比，进而初步拟定了对管理运营人员、现场工作人员进行现场访谈的内容，了解并记录场馆使用中的实际问题。笔者通过照片、语音、文字、手绘草图等方式对调研过程做了详细的记录。（3）2018年1月、2月、5月，笔者走访了4座东部、3座中部、1座东北地区科技馆，在以上两个阶段调研的基础上，关注到不同气候区场馆设计的差异以及不同季节使用习惯的差异。2018年2月—2019年1月，笔者调研了16座美国科技馆，对其运营机制、设计模式进行了资料收集和深入调研。2019年3月，笔者对日本科学未来馆进行了调研，从建筑细部设计、室外景观、展品研发等方面扩展了对国外科技馆的认知。17座国外调研科技馆具体信息及场馆特点见表2-2。

三、对评价客体的图纸研究

通过联系科协、科技厅、各地科技馆、建筑设计院等机构，笔者借阅、收集了多座科技馆图纸。在此基础上结合设计资料集、相关规范，笔者对综合性科技馆的形式、规模、主题划分、功能分区、流线组织、展厅、剧场、大厅、休息区等公共空间的设计加深了了解，总结出综合性科技馆设计模式的几个特点。

大部分地区的场馆规模远低于2007年制定的《科学技术馆建设标准》（建标101—2007）（后文无特指，均以《标准》指代）。《标准》中提到，人口在400万以上的城市适宜建设面积在30000m^2以上的特大型场馆。而笔者调研的18座具有区域代表性的场馆中有9座不符合面积要求，包括4座省级场馆，即便单以其省会城市人口测算，也远远无法达到《标准》要求。

调研的18座科技馆中有超过77%的展厅面积占比低于《标准》规定。《标准》规定了特大型、大型、中型及小型场馆展览教育用房在总建筑面积中的占比。但是由于中国的科技馆更强调展区设计，而教育面积统计方法各异，因此在图纸研究阶段，笔者根据《标准》附录一、二、三中对各场馆罗列的详细指标进行了测算，并根据数据规律得出特大型、大型、中型及小型场馆展厅占比指标分别为45%～47%、52%、58%、63%。基于对尺度把握的不确定性及测算误差，笔者将测算指标±5%内的数据均视作符合标准，由此得出了展厅面积占比核算表（表2-3）。

表2-3　展厅面积占比核算表

调研场馆	规模	实际展厅面积占比	《标准》要求展教占比	推算各规模展厅面积占比	是否近似满足推算数据要求
中国科技馆	特大型	31%			否
上海科技馆	特大型	27%			否
重庆科技馆	特大型	58%			是
广东科学中心	特大型	66%	55%～60%	45%～47%	是
东莞科技馆	特大型	42%			是
四川科技馆	特大型	45%			是
山西省科技馆	特大型	47%			是
武汉科技馆	特大型	45%			是
天津科技馆	大型	61%			是
湖南省科技馆	大型	44%			否
黑龙江省科技馆	大型	53%	60%～65%	52%	是
佛山科学馆	大型	44%			否
苏州青少年科技馆	大型	28%			否
河北省科技馆	中型	73%			是
陕西科技馆	中型	53%			是
深圳科学馆	中型	25%	65%～70%	58%	否
香港科学馆	中型	50%			否
雅安科技馆	小型	45%	65%～75%	63%	否

图纸中对场馆的室外设计大多局限于绿化和道路的设置，而忽视了室外展区的设计。尽管《建筑设计资料集》中提出室外展区与常设展厅、临时展厅一并组成博物馆的核心展示区，但调研中大多数的场馆图纸均未布置室外展区。据笔者了解，一方面是由于建筑师对科技馆室外展示内容不熟悉；另一方面，是由于各地气候不一，科技馆室外展品绝大多数为固定展品，不能分季节展示，而极端气候（过冷、过热）时，几乎没有游客在室外展区停留，因此，设计师并未过多

考虑室外展区的设计。

图纸大多参照博物馆设计惯例，精心组织三大核心流线，即工作人员流线、游客参观流线以及藏品流线；然而，事实上，由于科技馆除临时展厅外，展品多为永久、固定展品，不会频繁更换。当需要更换时，通常整个展厅中包括展品及主题装饰在内的所有陈设也都将一起被淘汰更新。因此，过分强调藏品流线，反而在一定程度上造成了空间的浪费。与此同时，学校团队参观人流常被忽视。与普通博物馆不同，科技馆的课外教育与学校义务教育内容紧密相连，辖区内的学校会定期组织学生参观，而学生人流不仅规模较大，而且缺乏秩序性，因此，应被作为独立流线加以考虑。

室外集散场地功能设计单一，除塑造场馆入口形象以及满足《标准》疏散要求外并无其他实质功能上的考量，尤其忽略了高峰期游客等候的需求。

为追求建筑造型的科技感，大多数科技馆都选择了钢结构结合玻璃幕墙形式，在立面处理上还会加入铝塑板等金属感材质。

立面造型受球幕影院影响，大多将球形体外置，与其他体块进行组合。一方面，这使得大多数科技馆立面有了极易识别的特征；但另一方面，则可能会限制建筑师的立面创意。

四、评价客体的类型划分

为使研究更具系统性和条理性，笔者将初始调研中的科技馆进行了一定的归类。由于科技馆功能的多元性与复杂性，科技馆可以选择多种分类方式；然而，科技馆建筑理论研究较为匮乏，分类方式暂无相关文献可以参考，设计资料集中，除了面积、展示内容、总平面模式外也未提到具体分类方式。因此，本次研究结合科技馆图纸，参考其他公共建筑分类方式，尝试对科技馆建筑进行分类。

按总平面布局方式，可以将科技馆建筑分为集中式、分散式和复合式。集中式布局是将展教区域、公共空间、业务用房等集中于一个建筑布置，具有布局紧凑、节约用地、空间联系密切、利于突出整体形象等优点。采用集中式布局应注意内部功能分区及动静分区，以避免不同功能区域间的相互干扰及流线交叉，应充分利用公共区域创造具有设计感的代表性空间。初始调研的科技馆多属集中式，如四川科技馆、黑龙江省科技馆等。分散式布局是各功能以若干建筑单体组合而成，其设计功能分区明确，以院落的形式组织各单体，创造丰富的庭院层次和院落景观。分散式布局在设计中应合理分设及共用廊道、流线，密切联系各功能区域，控制功能区域之间的步行距离。分散式布局在国内科技馆中案例较少，湖北襄阳科技馆即是采用分散式布局，该馆将庭院融入布局中。复合式布局是集中式与分散式布局相结合的形式，能够在布局紧凑、节约用地的同时结合庭院布置，创造丰富的室外空间，兼具集中式与分散式的优势，且能满足分期建设的需求。在复合式布局时，需注意各功能区域在总平面中的划分与联系。复合式布局常出现在特大型场馆设计中，如广东科学中心的展区、学术交流中心、办公区均是分设，但各区域布置又体现了集中式。

按展区的平面组合方式，可以将其分为以下四种模式（图2-2）：（1）大厅式，即利用开放式大厅空间整体进行展示或将大厅空间的局部区域划分为展示空间。（2）串联式，即各展厅之间以串接的形式组织交通流线，强调展厅之间的密切联系。（3）放射式，即各展厅通过核心空间呈放射式发散排布，各展厅与公共大厅密切联系，而各展厅之间相对独立，并不形成连贯的参观流线。（4）混合式，即展厅通过核心空间呈放射式发散排布，各展厅与公共大厅密切联系，且相邻展厅之间相互联系，形成连贯的参观流线。值得一提的是，大厅式设计较为少见，黑龙江省科技馆是其中一例，此外，美国国家航空航天博物馆也是知名案例之一。

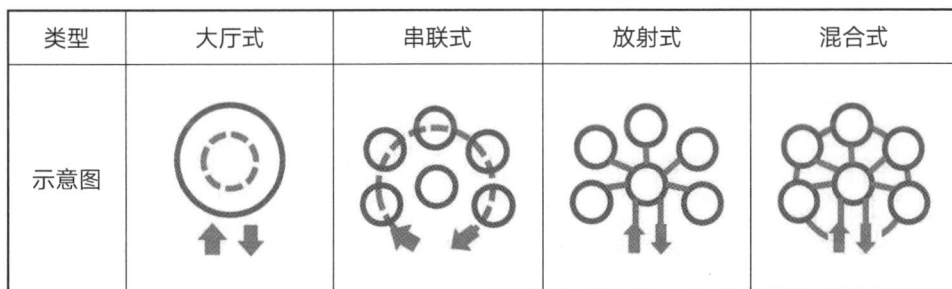

类型	大厅式	串联式	放射式	混合式
示意图				

图2-2　展区平面组合方式示意图

按展厅的通过方式，可以将其分为口袋式、穿过式和混合式（图2-3）。

类型	口袋式	穿过式	混合式
示意图	展厅	展厅	展厅

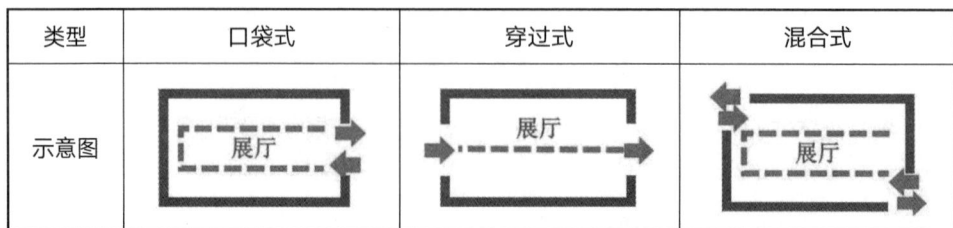

图2-3　展厅通过方式的分类示意图

《建筑设计资料集》中将陈列布置的层次分为单线陈列式、双线陈列式以及三线陈列式；而事实上，现代科技馆在多元化展示模式下，已经发展出多线陈列式（图2-4）。

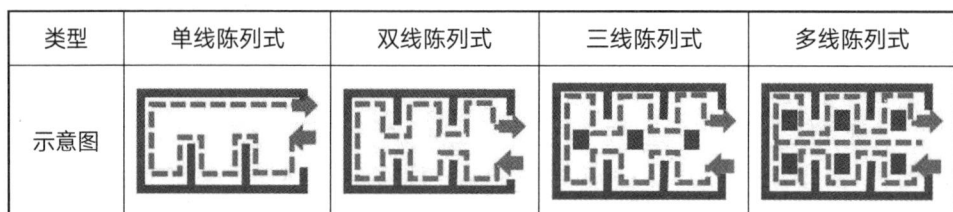

类型	单线陈列式	双线陈列式	三线陈列式	多线陈列式
示意图				

图2-4　展厅陈列布置的分类示意图

五、评价客体的选择

如前文所述，笔者在选取综合性科技馆研究样本时，首先考虑了区域发展可能带来的理念差异与投资差异；其次，是不同规模场馆之间可能存在的个体差异；最后，考虑了不同级别所带来的差异，力求让有限的调研样本较全面地反映中国综合性科技馆的总体面貌，使研究具有广泛性与说服力。

与专业性科技馆不同，各综合性科技馆的游客群体组成较为接近，但场馆在总平面布局、展区平面组合、展厅的通过方式以及陈列布置的层次上却存在着不同程度的差异性。基于前文对初始调研情况的分析，本次研究拟学习分层抽样的模式，在各类型划分中选择具有代表性的场馆作为初级抽样集合。

笔者根据自身的建筑设计经验，结合样本分布的区域、密度、样本特性以及调研条件等要素继续将初级集合划分为各次级集合。研究根据各阶段的研究主旨从次级集合中抽取适量的样本。由此一来，样本的选取能够贴合研究旨趣，具有针对性和说服力。为便于在有限的条件下开展研究工作，本次研究一定程度上结合了就近抽样法、目标判断法等非概率抽样方式。

第三节　对评价主体的初始研究

对评价主体（使用者）限制因素的调查，是使用后评价初始研究的重要环节之一。受试者的行为心理、物质需求等都是初始研究的要点，能够帮助笔者确定后续研究的评价旨趣、选择适合的评价方式。本阶段针对评价主体的探索性初始研究主要分为以下两个部分：（1）在现场调研期间，对科技馆的工作人员（管理运营人员、现场工作人员）进行半结构化问卷式访谈，熟悉管理运营人员的工作模式、现场工作人员的工种、各工种的工作需求，从整体上了解科技馆的运营情况，探知工作人员的显性需求，并从侧面探知游客的隐性需求。（2）通过半结构化问卷对游客进行访谈，通晓游客的参观、休息模式，了解科技馆的基本使用情况，从使用的便利性、设计的合理性等方面了解设计与实际需求的契合度。这一阶段的调研目标主要是获取使用者的显性需求。

一、对员工的现场访谈

2016年5—11月，笔者对8座科技馆进行了实地调研，其中6座多次走访，力求既能从建筑师的专业角度看待设计的合理性，同时又能作为普通使用者感受对场馆的需求。在科技馆内，笔者随机访谈了管理运营人员、现场工作人员，针对其工作特点分别制订了访谈的问题框架（具体问题见附录1）。

本次研究涉及30位工作人员，其中有14位管理运营人员、16位现场工作人员。管理运营人员岗位覆盖了多个领域，包括：科普教育部、计财部、研究及设计部、规划部、办公室、党办、综合保障部、外联部、纪检处及工会等。而现场工作人员的岗位涵盖了总服务台、咨询处、讲解员、检票员、外联人员等。访谈问题的前半部分主要是针对该场馆各主要功能有效性提出的，以便获取使用者正、负面评价词，拟定的问题包括：科技馆总体规划及建筑设计是否能满足工作需求或是否对工作造成了困扰？总体规划及建筑设计是否符合科技馆多元化展教的需求，是否有该科技馆尚未囊括的展示类型？后半部分则是从理想模型的角度，探知符合需求的理想化设计模式，拟定的问题包括：最喜欢或欣赏中国哪座科技馆的设计？科技馆成功运营的最重要的几项硬件设施是什么？对所处科技馆设计调整和改进的建议是什么？在初次访谈时，不少员工基于各种顾虑，倾向于将所就职的科技馆回答为理想模型，因此，在调研时，笔者及时对问卷进行调整，若员工回答所在科技馆为理想科技馆，则需再追加回答一座科技馆。最后，问卷还提出了针对国内外科技馆的发展趋势而言，员工对所在科技馆的调整和更新有哪些建议。

　　针对员工的探索性评价研究问卷数据统计分析结果见表2-4～表2-9。

表2-4　关于科技馆的总体规划及建筑设计是否能满足工作需求的统计分析

评价范畴	正面评价	占比	负面评价	占比
总体评价	设施齐备，满足基本要求	100%	设施无法满足基本要求	0
选址问题	远离市区，因此车位充足、停车方便	14%	远离市区，交通不便	71%
总平面	设计较为合理	7%	展区与行政区域距离较远	21%
			广场布置较空，游客日晒雨淋	7%
建筑外形和尺度	大尺度能预留发展空间	29%	造型不规则，不便布展，利用率低	29%
	造型有吸引力、地标性	21%	异形体，易渗水，维护困难	21%
建筑平面	设施齐备，满足基本要求	93%	缺少吸烟区	7%
			办公区缺少大型阶梯式会议厅	7%
			科学工作坊与展厅分离	7%
			休息区未紧邻便民服务设施	7%
建筑的物理环境	较为舒适	79%	展厅采光受眩光影响	14%
			中庭局部过冷或过热	7%

表2-5　关于设计是否能满足多元化展教的需求以及是否有尚未囊括的展示类型的统计分析

评价范畴	正面评价	占比	负面评价	占比
总体评价	满足多元化展教的需求	100%	无法满足多元化展教的需求	0
展示空间	尚有预留空间，可开辟更多教室	7%	缺少与展厅主题配套的多媒体教室	14%
			缺少中小型展示空间	29%
			缺少大型学术会议厅	7%
			缺少大型专业化科学表演舞台	14%

表2-6　在国内众多综合性科技馆中，员工最喜欢或欣赏的科技馆设计的统计结果

评价范畴	正面评价	科技馆
选址	选址好、环境优美	湖北省科技馆、中国科技馆
	交通便利	上海科技馆
总平面	户外展区展示丰富	台湾高雄科学工艺博物馆
外观	设计前卫、新颖	湖北省科技馆
	外形规则、空间利用率高	中国科技馆、广东科学中心
建筑平面	布局紧凑、布展效率高	上海自然博物馆（上海科技馆分馆）、香港科学馆
	有大型阶梯式报告厅	中国科技馆
餐厅	餐厅类型多样化、差异化	中国科技馆、上海科技馆
采光	自然采光好	广东科学中心、上海科技馆、东莞科技馆

表2-7　员工认为影响科技馆的最重要设计的统计结果

评价范畴	评价因子	占比	重要度排名
展区设计	展馆设计	100%	1
	科技表演	64%	3
	影院	57%	4
	室外展区	21%	7
	学术报告厅	14%	8
辅助空间	餐饮	43%	6

评价范畴	评价因子	占比	重要度排名
其他	选址及交通	93%	2
	无障碍及安全设施	50%	5
	热舒适度	7%	9

表2-8　关于科技馆设计存在的问题及改进建议的统计结果

评价范畴	存在问题及改进建议
总平面	改进停车场至展厅路程中的遮阳避雨设计
	体现科技性，设置太阳能顶停车场
	增设场馆地下停车，缩短步行距离
	调整参观流线，强调室外展区，丰富展示的内容
建筑外形和尺度	立面设计结合人文历史元素
	尽量方整，便于展示布局
建筑平面	展区管理间较黑，无自然采光
	增设固定的科学表演舞台
	可以合理拆分、合并大小不等的展示空间
	提高垂直交通运输效率，增加第二、三层的参观人数，可于大厅增设楼梯
	增加平面布展的效率
	公共空间的功能单一
	集中设置更多的便民设施，如开水房、吸烟室等
建筑的物理环境	避免中庭的声聚焦
	增强玻璃屋顶的防水处理
	突出环保理念、增加绿色植物
	增强出入口标识
	改善部分展区入口灯光较暗的状况
其他	设置地铁与科技馆间的接驳车站

表2-9　员工认为所在科技馆在硬件和软件上还能做哪些调整和更新的统计结果

评价范畴	调整和更新
硬件	提升配套设施的公益性，如无障碍设施、母婴区等
	建设配套酒店、餐饮，满足会议需求
	学习国外科技馆设计的自然采光、全开放式展厅
	增设STEM教育及创客教育专用教室
	保证展品的完好率
软件	提升配套服务，向自身营利方向发展
	加强与科研机构的合作，展品与时俱进
	邀请高端科研机构及实验室进驻
	考虑老年游客的科普需求

二、对游客的现场访谈

　　笔者在调研科技馆内发放了150份游客问卷，回收问卷141份，有效问卷126份，有效率89.36%。在随机选择访谈游客时，笔者尽量使游客在性别、参观组合形式（家庭、友人、团队等）上呈现均匀分布。针对游客访谈的问题包括了三个部分（详细内容见附录2）。一是基础信息，包含：哪些因素会影响其对科技馆的选择？游客参观科技馆的频率、主要参观目的、停留时长、就餐习惯等。二是游客对场馆的使用评价，包括：最喜欢哪部分的规划和设计？希望在休息区域进行哪些活动？该科技馆是否做到了互动体验式参观？该科技馆的安全隐患有哪些？三是开放性问题，涉及游客最喜欢某个展厅的原因，最想咨询的关于场馆使用的问题，以及对科技馆设计的改进意见。统计结果见表2-10。

　　从结果可以看出，展品、展数和交通是影响游客对科技馆选择的主要因素。有近86%的游客一年中到科技馆参观的频率不超过2次，参观的主要目的是针对常设展馆展品或是带小孩参观。绝大多数游客（81%）选择早上到达，而其中的45%会逗留5小时以上（根据开馆时间，午后到达的游客无法停留5小时以上）。

　　希望在场馆内购买正餐的游客与自备简餐的游客数量相近。值得一提的是，自备简餐的游客大多反映，由于馆内餐厅网评较差，因此才自备简餐。

场馆的外观设计及展厅、展陈设计最受游客欢迎。

希望能在休息区内喝水并简单进餐的游客数量最多，观看科技表演也是倾向性较强的活动。此外，有7%的游客提出与其完全禁烟，不如人性化的增加吸烟室，也可使其他游客避免吸食二手烟。除了参观活动外，有60%的游客是为带小孩参加科技实验课而来。

69%的游客仍希望科技馆在展品展项方面加强互动式体验，此外，过半游客也希望场馆在讲解服务及科学实验演示上增强互动性。

在场馆设施的安全性方面，游客认为最大的安全隐患存在于排队及穿行的人流交叉，其次则是安全指示不明确。17%的游客反映电动扶梯过长，跨度太高，而宽度又窄，使游客感觉不安。而事实上，由于扶梯较窄，场馆的垂直运输能力与人流量并不匹配。

游客喜欢某个展厅的原因主要是基于展示内容及设计。主题接近生活、内容以时间轴或叙事性布展、体验互动性强、有合影展项等设计特点均是展厅受到欢迎的重要原因。在展示设计方面，游客更关注灯光、绿化的设置。

游客对于场馆使用上较为困扰的首先是出入口、多次往返通道、参观路线引导性不强，其次是游览路线未针对不同年龄段游客设计，最后是馆内无时间显示，也无各类科学表演的开场计时显示。

游客还从选址、总平面设计、展厅设计、功能设置、标识系统优化、休息区改进等方面提出了开放式建议（表2-11）。

表2-10　游客问卷数据统计分析表

问题	回答	比例
哪些因素会影响您对科技馆的选择？	交通	50%
	规模和声誉	38%
	造型和规划	17%
	票价	10%
	展品新颖性	64%
	展教互动性	52%
	其他	0%

问题	回答	比例
您到科技馆参观的频率为多少？	极少	31%
	一年1~2次	55%
	一年3~6次	12%
	每月1次	0%
	每周1次	0%
	其他	2%
您到科技馆的主要参观目的是什么？	常设展馆	50%
	临时展馆	17%
	观看电影	0%
	科技表演	19%
	自己参观	5%
	陪伴老人	2%
	带小孩参观	69%
	集体活动	5%
	外地观光游	26%
	其他	2%
您最喜欢科技馆的哪部分规划和设计？	外观	67%
	中庭	21%
	展厅、展陈	74%
	电影院	5%
	室外展区	7%
	其他	2%
您到达科技馆的时间及在展厅逗留时长是多少？	早晨到达	81%
	午后到达	19%
	1小时	0%
	2小时	5%
	3小时	12%
	4小时	21%
	5小时	17%
	5小时以上	45%

问题	回答	比例
您希望科技馆具备哪些餐饮功能？	购买正餐	38%
	小卖部购买简餐	21%
	自备简餐	33%
	网络外卖	5%
	无需用餐	14%
您在休息区域希望进行哪些活动？	聊天	29%
	简单进餐	43%
	喝水和饮料	52%
	吸烟	7%
	躺下休息	33%
	观看科技表演	40%
	观赏室外景观	31%
除参观展厅外，您在科技馆中还会进行什么样的活动？	就餐	24%
	社交活动	21%
	购买科学商品	24%
	参加科技实验课	60%
您认为科技馆应在哪方面增强互动体验？	展品展项	69%
	讲解服务	52%
	科学舞台秀	45%
	科学实验演示	55%
	科学兴趣教室	36%
您觉得科技馆参观中最不安全的因素是什么？	排队和穿行人流交叉	36%
	扶梯	17%
	安全指示不明确	19%
	展品的操作	14%
	设备用房的外露	12%
	暂无不安全因素	24%

问题	回答	比例
您喜欢某个展厅的原因有哪些？	展示内容：主题接近生活，以时间轴或叙事性布展，体验性强，互动性强，有合影展项	
	展示设计：灯光，绿化丰富、环境好	
您最想咨询的使用问题是什么？	导向标识不清：出入口、多次往返通道和参观路线引导性不强	
	路线：针对不同年龄层的游览路线不清晰	
	时间：大厅无时间显示，无表演时间提示	

表2-11　游客对科技馆设计提出的改进意见

项目	改进意见
选址	近城区或近郊区，便于小孩参观
总平面	场地内设连贯的遮阳避雨设施
	考虑设计接驳车
	停车场指示应明确，车位面积需经济化
标识	增加标识数量，增强其引导性，图标应醒目
	可增加地面标识，强调参观路线、出入口
	可增设VR导览
展厅	增加化学、运动及适合老人的展项，突出高科技感
	增加空间差异性，明确流线和道路指引，提高参观的秩序性
	部分场馆的解说文字应增大，科技表演舞台高度需增加
	增设义工讲解点
功能	每一层增设吸烟室
	丰富餐饮的多样性，增加售货机
	丰富商业
平面	增加休息区域
	提高中庭空间利用率，减少闲置空间
	儿童展厅应和其他展区分离，降低干扰；科学商店设计应贴合主题，产品的设计感需加强

项目	改进意见
洗手间	公共洗手间应增设婴儿护理台和亲子洗手间
休息区	空间定义不明确、杂乱，应动静分区，设于较高楼层带动人流参观
	增设座位，座椅更软一些，老年人座位设椅背
	增设桌子、插座、手机充电设施
物理环境	声音嘈杂，互相干扰，可增设吸声材料；局部有声聚焦现象，可考虑安装扩散体
	增加室内绿色植被景观
	阴天自然采光不够，灯光较暗，需改善
	雨天屋顶有渗水，需改善
无障碍设施	增加其连贯性；轮椅无法进入电梯，需改善
	母婴室距展厅、休息区、洗手间应近些

三、评价主体的范围和抽样方法的确定

科技馆的三类使用者按照使用科技馆时长排序，依次是管理运营人员、现场工作人员以及游客。由于建筑师在建成场馆的回访中最为关注游客的使用意见，经常忽略对建筑最为熟悉的员工的评价意见。因此，本次研究强调的是管理运营人员、现场工作人员以及游客的使用反馈。

在对工作人员调研时，由于不同部门、不同工种所接触到的场馆功能各有侧重，因此本次研究极力覆盖科技馆各领域工作人员，力求收集全面、完整的反馈信息。在对游客进行调研时，笔者尽量使游客在性别、参观组合形式（家庭、友人、团队等）上呈现均匀分布。尽管年龄特征也是重要的影响因素，但是由于科技馆游客以青少年居多，所以无法做到均匀分布。一部分问卷是由笔者当面访谈填写，以保证细节信息的获取；另一部分则由工作人员帮助派发，从而提高问卷的回收率。

第四节　评价逻辑的建立

本次研究注重以量化分析作为主观评价的研究方式，将主观评价数据化、标准化。与此同时，本次研究将以模型构成法、数据采集法、样本分析法作为研究内核。

一、研究思路的制订

本次研究从以下几点开展了探索性研究工作，从而为主体研究做知识、技术以及方法上的储备。（1）对中国综合性科技馆的发展历程、场馆分布、规模层次、建设情况等进行了梳理。（2）对国内具有代表性的科技馆进行大量的实地勘察，收集现场资料、数据，并对资料进行整理、录入。（3）收集科技馆的相关图纸，并对其进行分析、划定类别。（4）对科技馆的三类主要使用者进行了半结构化问卷式访谈。（5）参与科技馆专业会议及论坛。（6）阅读、整理与科技馆以及建成环境使用后评价相关的文献。

基于以上准备工作，本次研究拟订了以下研究思路，并以此作为研究旨趣的依据。

与其他公共建筑相比，科技馆作为科学技术的载体更应充分体现科技性。国内科技馆设计中常选用钢结构结合玻璃幕墙、铝塑板等材质，但是由于节点的设计及施工问题，会出现缝隙漏水，在风压较强、日照强烈的地区，构造老化较为明显。此外，不少科技馆立面设计思路受球幕影院的局限，常将球形体与矩形场馆进行组合，这一设计方式几乎成为定式。诸如以上的问题，很大程度上限制了设计的表达，而使用者对建筑科技性的表达也有颇多质疑，值得进行深入讨论。

随着科技的日新月异，科学馆无论是展示、陈列，还是其他辅助科学技术教育的功能都在不断地进步、更新。场馆的功能也需要随着科技的发展和人们需求的多元化、品质化而不断地提升，所以在研究中应重视对新增功能的评价研究。

尽管中国绝大部分科技馆为公益类场馆，不得以扩大营利为目的，然而商业缺失的实质是场馆功能的缺失及便利性的下降。事实上，不少案例显示成功的商业化运营能够为场馆增加吸引力。因此，如何适当地对科技馆进行商业化设计也是值得研究的问题。

完备的附属设施是科技馆人性化设计的体现。它们能够帮助游客提升体验感，协助游客自主解决各类需求。随着生活品质的提高，游客对除展示功能外的附加功能的需求日盛，这也成为评判科技馆的一大指标，应当对比进行充分研究。

科技馆应与各类社会展示、办学、科研机构进行多方面的合作。一方面，能够分割部分职能，减轻多工种员工培养、多部门管理上的运营负担；另一方面，能够极大地促进展陈、教育的多元化。所以，这部分扩展功能的评价也将成为研究要素。

由于科技馆观展形式的特殊性，游客与展品的互动会产生极大的噪声干扰。噪声因各场馆主题及目标游客的年龄层而不同，其中以少年儿童展馆噪声最为严重。对场馆进行动静分区的同时，也需要兼顾各类型游客的参观喜好。因此，对场馆布局方式及流线串接的研究至关重要。

二、研究旨趣的拟定

研究旨趣的拟定是整个评价活动的开端。建成环境使用后评价在一定程度上受到受试者的需求、使用的偏好影响，而受试者的行为心理、对建成环境的适应程度、建筑各功能的正常运行情况也在影响评价的结果。所以，本次研究在评价活动开展前就应明确评价的系统性与完整性，选择合理的研究旨趣，梳理环境要素与受试者满意度间的关系，构建具有价值的研究框架。研究旨趣的确定应建立在方案可行性、现实性的基础上。从三类研究主体的喜好、习惯出发，探寻综合性科技馆的设计意图、建成现状以及使用情况之间的联系。以现状研究为基础，结合科技馆的发展趋势，探究场馆科技化、多元化、人性化发展的可能性。各章节之间各有重点，互相承接、佐证，力求评价的完整性与系统性。

三、综合性评价的研究

笔者将对科技馆各部分的研究视作一个有机的整体，从宏观上进行把控，以实现综合性评价的研究目的。

科技馆的三类使用者在场馆内的活动各有侧重。就科技馆展陈、服务的主要功能而言，游客是使用频率最高、需求最为多元化的群体；就使用时长、对各功能的熟悉程度而言，现场工作人员则是了解最全面的人群；就场馆的发展、运营方式、改造更新的迫切性与可行性而言，管理运营人员能够做出最宏观的反馈。

尽管三类人员的反馈同样重要，但在相同的问题上，由于立场、角度、利益关系的不同可能会出现不同的看法。以休息区的设计为例，游客反映最集中的几个问题有座位数量不足、不够舒适，手机充电等设施提供不到位，缺乏热水供应等。而现场工作人员却提出高峰期休息区座位确实无法满足部分游客需求，但是座位数已基本能满足日常运营需求，为了保证公共空间通行宽度，无法增加数量。不少工作人员反映座椅提升了舒适度后，部分游客开始由坐变卧，姿态不雅，增加管理难度。管理运营人员则指出，游客意见最多的手机充电设施的加装涉及线路的敷设，在建成场馆外露影响美观，而且场馆内儿童较多，插头外露有一定安全隐患，极难管理。与之相类似的便是中老年游客对热水的需求，设置后如出现儿童烫伤情况，管理方的责任重大。

由此可见，科技馆的各功能需求的实现，对于三类使用者而言是一个平衡、协调的过程。而各类意见反馈需要发掘、甄别及审慎的多方衡量才能在研究中推导结论，也就意味着三类使用者的需求需要综合性的研究才有实质性的意义与应用价值。

四、焦点评价的研究

焦点评价是对建成环境各具体子系统的评价。与综合性评价相比，焦点评价的范围更为清晰、对象更为具体、导向性更为明确，其评价旨趣也更具指向性。对于综合性科技馆这种规模大、功能繁复的公共建筑，在一定条件下，焦点评价的结果比综合性评价更为准确。同时，由于焦点评价各子项指向性更清晰，因此研究结果更具实践指导性。

本次研究的焦点评价涉及综合性科技馆展厅的喜爱度评价、休息区域及综合大厅的使用方式研究两个层级、四个领域的研究内容。喜爱度评价与使用方式的研究均以游客为主，管理运营人员和现场工作人员的评价为辅。

本次研究根据不同使用者对场馆区域、功能使用的侧重点以及使用者的行为、心理特征制订评价内容。展区是科技馆最核心的对外功能区，主要包括了展厅展品及剧场的展示，是最直接地反映场馆设计品质的区域，也是建筑师最为关注的区域。展厅及剧场的设计主题、空间形式、灯光变化、形状尺度、颜色材质等都在烘托着展示氛围，增添吸引力，在无形中成为展品的一部分，影响着游客的综合评价。

综合大厅及休息区域是整个场馆公共空间的核心部分。休息区域最能体现场馆设计中的人文关怀与游客福祉，而综合大厅除了既有的交通节点、形象表征等功能外，随着游客观展需求的上升也在进行多功能复合化的升级。对二者使用方式的研究与改进，能够有效提升游客对科技馆的评价。

五、分析方法的选取

（一）定性分析法

定性分析法包括了三个过程，即综合分析、比较分析以及抽象和概括。借助定性分析的方法能够帮助笔者选定评价要素的组成结构。本次研究拟在现场勘察、自由访谈、受试者开放式评价等阶段选取定性分析的方式。笔者将受试者的受访材料进行定性分析、简化、归纳、分类，经由评论产生的因果、频率、类别等要素分析，明确各评价因子之间的层次关系。

（二）结构分析法

结构分析法是在合理分组的基础上，通过计算研究各组成成分及其所占比重，从而分析出现象的结构特征、本质及其规律的方法。本次研究拟在定性分析的基础上，用结构分析的方法确定各研究子项的层级、组成及架构关系，从而明确各研究要素间的逻辑构架。

（三）数理统计分析法

定量分析法是对研究现象的数量特征、数量之间的关系及变化进行分析的评价方法。由于数据分析方式的进步和计算机模拟软件的发展，使得多变量、多方式的数据处理成为可能，极大地提高了研究效率。通过定量分析，能得出更准确、客观和科学的结论。

定量分析的核心在于选择适当的统计方式，采用多种方式对统计结果进行比对，从而发现数据的规律和研究价值，并从中推导出结论。研究主要基于 Excel 2013、SPSS 19.0、Origin 8.6等软件平台，对数据进行整理、筛查以及分析。本次研究拟采用的数理统计方式如下（表2-12）。

1. 描述性分析

本次研究将对调研数据做出总体描述性统计分析，用以把握数据的分布特征，分析涵盖了对平均值趋势、标准差、方差的叙述。其中，平均值显示了数据的平均水平，标准差反映了数据集取值距均值的平均离散程度，而方差作为标准差的平方，表明了数据集取值的离散程度。

2. 平均值分析

平均值反映了数据集的集中趋势，能够表述数据的总体取值水平。平均值处理数据的原理易懂、实践性较强，然而却无法反映数据集各元素间的差异性特征，因此在本次研究中仅作为辅助分析手段之一。

3. 方差分析

方差分析是指在对变量的方差进行分解的基础上，分析各水平下控制变量是否对观测变量产生了显著性影响，进而对影响程度进行量化分析。本次研究主要涉及的是单个控制变量对观测变量的影响，因此选取单因素方差分析法。

4. 相关分析

建成环境的评价研究涉及对受试者的心理特征分级测量，而各变量之间的共变是否存在因果关系能够通过相关分析中变量之间的关联程度进行检测。当数据被整理为等级数据时，即可使用相关系数量化相关程度。相关系数能够显示数据组之间的相关与否与相关性强弱，但其只限于同等条件下的变量之间应用。

5. 因子分析

因子分析是一种经由少量潜在公因子探知因子间相互关系的多元条件分析

法，其主旨在于以少数样本反映大部分样本的信息。因子分析法是一种常用的社会研究方法，具体的方式亦有多种，本次研究主要采用的是主成分分析法，其重心在于通过原有变量的线性组合及各成分求解以实现变量的降维。

6. 层次分析法

层次分析法（AHP法）是将互相关联、制约的由多因素构成的复杂问题条理化、逻辑化、层次化，从而以系统评价的思想解决问题的方法。层次分析法的本质是将定性分析与定量分析结合，进而对多目标问题进行决策判断的方法。

表2-12　主要分析方法的判断标准及数学模型

分析方法			判断标准	数学模型
单因素方差分析	F值	显著大于1	说明观测变量的变动主要是由控制变量引起的，可以由控制变量来解释	SST=SSA+SSE 式中SST为观测变量的总离差平方和；SSA为组间离差平方和，反映不同水平的控制变量对观测变量的影响；SSE为组内离差平方和，反映抽样误差的程度
		显著接近1	说明观测变量的变动是由随机因素引起的，不能由控制变量来解释	
	Sig值	$<\alpha$	应拒绝原假设，认为控制变量的不同水平对观测变量产生了显著影响	
		$>\alpha$	认为控制变量处于不同水平时，观测变量总体的均值无显著差异，或不会对观测变量产生显著影响	

分析方法	判断标准			数学模型
相关分析	相关系数 r	$r>0$	表示两变量存在正线性相关	斯皮尔曼等级相关系数： $$\rho=1-\frac{6\sum d_i^2}{n(n^2-1)}$$ 式中 d 表示两个排序之间的差值，$d_i=x_i-y_i$；n 表示样本观测的容量
		$r<0$	表示两变量存在负线性相关	
		$\lvert r \rvert \geqslant 0.95$	表示两变量存在高度相关	
		$0.8 \leqslant \lvert r \rvert < 0.95$	表示两变量存在显著性相关	
		$0.5 \leqslant \lvert r \rvert < 0.8$	表示两变量存在中度相关	
		$0.3 \leqslant \lvert r \rvert < 0.5$	表示两变量存在低度相关	
		$\lvert r \rvert < 0.3$	表示两变量关系极弱，可认为不相关	
	Sig值	$<\alpha$	应拒绝原假设，认为两总体存在显著的线性关系	
		$>\alpha$	不能拒绝原假设，认为两总体不存在显著的线性关系	
因子分析	相关系数矩阵		若大部分相关系数值小于 0.3，不适合进行因子分析	用矩阵形式表示的因子分析数学模型：$X=AF+\varepsilon$ 式中 A 为因子荷载矩阵；F 为公共因子；ε 为特殊因子
	巴特利特球度检验		观测值较大，且 Sig 值 $>\alpha$，则原变量不适合做因子分析	
			观测值较小，且 Sig 值 $<\alpha$，则原变量不适合做因子分析	
	KMO检验	KMO值 $\geqslant 0.9$	原有变量非常适合做因子分析	
		$0.8 \leqslant$ KMO值 < 0.9	原有变量很适合做因子分析	
		$0.7 \leqslant$ KMO值 < 0.8	原有变量适合做因子分析	
		$0.6 \leqslant$ KMO值 < 0.7	原有变量勉强适合做因子分析	
		$0.5 \leqslant$ KMO值 < 0.6	原有变量不太适合做因子分析	
		KMO值 < 0.5	原有变量不适合做因子分析	

第五节　本章小结

　　本章主要介绍了研究的前期筹备工作，即初始研究阶段的内容，包括对评价客体和三类评价主体的先导性调研。对评价客体的调研包含了研究范围的确定、实地调研、图纸分析、类型划分以及样本选取方法的确定等工作。对三类评价主体的调研涉及现场访谈、半结构化问卷式调查、主体范围的划定和抽样方式的明确等技术环节。基于背景信息的调研与收集以及时考察三类使用者的态度和感受，这一阶段研究对方法的可行性、研究价值及现实意义等有了初步的判断和认识，为下一阶段研究内容的具体化打下基础。

　　将初始研究作为探索研究方法的依据，首先明确了以满意度评价作为评价重心，引导科技馆的综合性使用后评价。初始研究确定了以游客的评价为主，以管理运营人员、现场工作人员为辅，明确了以综合性科技馆展厅的喜爱度评价、休息区域及综合大厅的使用方式研究等构成焦点评价部分，明确了两个层级、四个领域的研究内容。

　　本章根据评价客体的特点、评价内容结合评价方法的特性，选取了合理的分析方法和评价方式，并确认了各评价项之间的构架与逻辑关系。

第三章

综合性科技馆的使用后评价研究

第一节　综合性科技馆的满意度评价研究

满意度评价是使用后评价的一个主要分支，是检验使用者满意度与设计理想值之间差距的主要方法之一，已被广泛地用于建筑学研究领域。满意度评价关注的是建成环境的综合效能，具有客观性、主观性、可变性和全面性。其中，客观性是指使用者对建筑品质、运行状况的评价客观存在；主观性是指使用后评价受到受试者主观因素的影响；可变性是指随着社会物质、精神文明的提高，使用者的评价尺度也在变化；全面性是指评价本身具有极高的概括性，并未偏指建成环境的某一品质特性。

本节以管理运营人员、现场工作人员及游客三类人群的需求作为切入点，通过对影响客体品质、口碑的各因素进行观察、记录、分类、筛选和总结，构建了满意度研究的尺度和框架，为科技馆的综合性评价提供了技术支撑，也可作为焦点评价的前期探索性研究工作。

一、先导性研究

通过查阅文献，笔者初步掌握了与满意度评价、综合性科技馆设计相关的研究成果。通过与工作人员的深入访谈，了解了与设计、施工、运营等密切相关的信息，以及游客的参观规律与需求，从而确定了研究目标和合适的研究方式。

在了解了调研客体的基本信息后，笔者对综合性科技馆进行了现场勘查，结合专业角度的观察结果以及初步了解的各类使用者的需求，拟定了以下几个开放式的访谈问题：（1）您对此科技馆的总体评价如何，为什么？（2）对您而言，科技馆哪些使用功能较为重要？（3）该科技馆是否符合多元化展教的需求，展教方面是否有不足之处？（4）您较为欣赏哪座科技馆的设计，为什么？（5）如果需要对该科技馆的设计做一些调整和改进，您的建议有哪些？

就以上问题与管理运营人员（10名）、现场工作人员（10名）及游客（20名）进行自由访谈后发现：三类人员对场馆整体较为满意，但是所关注的问题各有侧重，对科技馆建成环境的使用需求存在不同程度的差异。基于以上情况，本节拟提出假设一：管理运营人员、现场工作人员及游客对综合性科技馆的满意度评价无差别。由于同类型建筑专题研究中还存在着横向比较，因此，为明确各个科技馆的实际使用情况，本节拟提出假设二：不同综合性科技馆建筑的满意度评价无差别。

二、信度检验

鉴于本章研究涉及大量的一手调研数据，为保证调研过程的说服力、有效性，同时确保数据所显示内容恰为研究所需，即任何测试事件的测量均能保持一致性，体现研究的可信度，数据在进行下一步处理前有必要进行信度检验。

本节研究拟选择内在一致性信度检验方法，该方法主要使用克龙巴赫α系数（Cronbach's alpha）量化各测试项目之间的内部一致性，保证各项目均在同一个评价维度内。克龙巴赫α系数值越高，问卷信度越高；克龙巴赫α系数值在0.7～0.8时，表示问卷具有一定信度水平，属于可接受范围；克龙巴赫α系数值在0.8以上时，表示问卷信度较高。

（一）对游客问卷的信度检验

结果显示，管理运营因素、硬件设施因素、辅助空间及设施因素、体验因素和社会因素的克龙巴赫α系数值分别为0.796、0.910、0.920、0.921和0.758，其中管理运营因素和社会因素的克龙巴赫α系数值处于可接受范围内；硬件设施因素、辅助空间及设施因素、体验因素三项主要评价因子的克龙巴赫α系数值均大于0.9，说明游客问卷信度较高（表3-1）。

表3-1　游客问卷的信度分析

公因子	变量	克龙巴赫α系数值	项数
A 管理运营	A1 开放时间	0.796	3
	A2 人流安全		
	A3 安检、咨询、讲解		
B 硬件设施	B1 建筑造型	0.910	14
	B2 户外展区布展		
	B3 面积、空间尺度		
	B4 展厅内空间设计		
	B5 展厅入口处设计		
	B6 展厅通道的通行情况、导向性		
	B7 展品的运行与维护情况		
	B8 影院的硬件设施及观影环境		
	B9 科学实验室设施及教学环境		
	B10 科学表演舞台的设施设备		
	B11 休息区座位的数量及舒适度		
	B12 大厅空间设计		
	B13 就餐环境		
	B14 科学商店、小卖部		

公因子	变量	克龙巴赫α系数值	项数
C 辅助空间及设施	C1 咨询、寄存空间、广播设计	0.920	8
	C2 售票区设计		
	C3 医疗、吸烟、母婴、轮椅及婴儿车借存等功能		
	C4 ATM机、饮水、无线网络、充电、公用电话等设施配备		
	C5 卫生间的位置及数量		
	C6 卫生间的亲子设计		
	C7 楼梯、电梯的便利性、安全性		
	C8 无障碍及安全设施		
D 体验	D1 物理环境的舒适度	0.921	9
	D2 满足所在年龄层的参观需求		
	D3 建筑导向性和功能的标识性		
	D4 展厅的视听感受及参观气氛		
	D5 展品的新颖程度及互动性		
	D6 科学实验室的趣味性和互动性		
	D7 科学表演舞台的观演环境		
	D8 游客停车区		
	D9 场馆选址		
E 社会因素	E1 参观促进人际交往	0.758	2
	E2 科技馆的发展是否能够提升人们对科技发展的关注度		

（二）对管理运营人员问卷的信度检验

结果显示，总体概况因素、办公区域因素、展教区域因素、辅助空间因素、服务空间与设施因素、设备及后勤因素、体验及引导因素的克龙巴赫α系数值分别为0.883、0.813、0.882、0.821、0.856、0.785和0.864。只有设备及后勤因素的克龙巴赫α系数值处于可接受范围内，其他六项公因子的均大于0.8，说明管理运营人员问卷信度优良（表3-2）。

表3-2　管理运营人员问卷的信度分析

公因子	变量	克龙巴赫α系数值	项数
A 总体概况	A1 总体运行状态	0.883	5
	A2 展陈和演出情况		
	A3 科研合作及研发		
	A4 学术交流情况		
	A5 商业运作		
B 办公区域	B1 办公室区位	0.813	8
	B2 办公区面积和功能		
	B3 办公区私密性		
	B4 办公区物理环境		
	B5 学术交流区设计		
	B6 员工就餐区		
	B7 办公区停车		
	B8 场馆选址		
C 展教区域	C1 形体及空间利用率	0.882	6
	C2 造型及维护		
	C3 面积、空间尺度		
	C4 形体与布展		
	C5 布展效率		
	C6 展示空间组合及拆分		

公因子	变量	克龙巴赫α系数值	项数
D 辅助空间	D1 影院的引导及疏散	0.821	5
	D2 科学表演舞台的观演环境		
	D3 展区预留发展空间		
	D4 休息区座位的数量及舒适度		
	D5 大厅空间设计		
E 服务空间与设施	E1 咨询、寄存、广播设计	0.856	5
	E2 售票区设计		
	E3 医疗、吸烟、母婴、轮椅及婴儿车借存等功能		
	E4 ATM机、饮水、无线网络、充电、公用电话等设施配备		
	E5 无障碍及安全设施的连贯性		
F 设备及后勤	F1 展品正常运行与维护	0.785	2
	F2 展品研发及仓库区设计		
G 体验及引导	G1 物理环境的舒适度	0.864	4
	G2 建筑导向性和功能的标识性		
	G3 展厅的视听感受及参观气氛		
	G4 游览流线设计		

（三）对现场工作人员问卷的信度检验

结果显示，现场管理因素、展区现场办公空间因素、展教区域因素、辅助空间因素、服务空间与设施因素、设备及后勤因素、体验及引导因素的克龙巴赫α系数值分别为0.714、0.732、0.828、0.883、0.780、0.786和0.875。各项公因子的克龙巴赫α系数值均大于0.7，属于可接受范围内，其中展教区域、辅助空间、体验及引导三项的克龙巴赫α系数值均大于0.8。由此可见，现场工作人员问卷具有良好的信度（表3-3）。

表3-3 现场工作人员问卷的信度分析

公因子	变量	克龙巴赫α系数值	项数
A 现场管理	A1 高峰期限流情况	0.714	5
	A2 瞬时高峰接待		
	A3 展陈和演出情况		
	A4 科研合作及研发		
	A5 商业运作		
B 展区现场办公空间	B1 办公室区位	0.732	8
	B2 办公区面积和功能		
	B3 办公区私密性		
	B4 淋浴间、更衣室的设计		
	B5 办公区物理环境		
	B6 员工就餐区		
	B7 办公区停车		
	B8 场馆选址		
C 展教区域	C1 形体及空间利用率	0.828	6
	C2 造型及维护		
	C3 面积、空间尺度		
	C4 形体与布展		
	C5 布展效率		
	C6 展示空间组合及拆分		
D 辅助空间	D1 影院的引导及疏散	0.883	7
	D2 科学表演舞台设计		
	D3 辅助空间（化妆间、更衣室、道具室等）的设计		
	D4 展区预留发展空间		
	D5 休息区座位的数量及舒适度		
	D6 展厅内的游客休息设施		
	D7 大厅空间设计		

公因子	变量	克龙巴赫α系数值	项数
E 服务空间与设施	E1 咨询、寄存空间、广播设计	0.780	5
	E2 售票区设计		
	E3 医疗、吸烟、母婴、轮椅及婴儿车借存等功能		
	E4 ATM机、饮水、无线网络、充电、公用电话等设施配备		
	E5 无障碍及安全设施的连贯性		
F 设备及后勤	F1 展品正常运行与维护	0.786	3
	F2 展品研发及仓库区设计		
	F3 送展的便利程度		
G 体验及引导	G1 物理环境的舒适度	0.875	4
	G2 建筑导向性和功能的标识性		
	G3 展厅的视听感受及参观气氛		
	G4 游览流线设计		

三、第一阶段满意度研究：以三类使用者为控制变量

本节以管理运营人员、现场工作人员及游客三类使用者作为控制变量，对广东科学中心、四川科技馆、山西省科技馆、天津科技馆、湖南省科技馆、河北省科技馆、东莞科技馆、雅安科技馆等中国具有代表性的综合性科技馆进行了满意度调研，根据现场勘查、资料分析对研究客体的背景信息、设计方案等进行了深入了解。

（一）问卷设计

选用定序测量的方式设计李克特量表，拟定标准化的结构问卷（详见附录3～附录5）。其中，游客问卷量表涉及5个一级指标和36个二级指标。指标从管理运营因素、硬件设施因素、辅助空间及设施因素、体验因素、社会因素等角度搭建了评价框架，力求反映使用者切实关心的内容。笔者将评价等级划分为5级，并分别为各等级赋值：很满意（1分）、较满意（2分）、一般（3分）、较不满意（4

分）、很不满意（5分）。受试者根据度量评价标准评判满意度等级。与此同时，每项评价后均设备注栏，记录受试者意见，以修正封闭式问卷，定量评价标准见表3-4。

表3-4　定量评价标准

评价值x_i	评价语	定级
$x_i \leqslant 1.5$	很满意	L1
$1.5 < x_i \leqslant 2.5$	较满意	L2
$2.5 < x_i \leqslant 3.5$	一般	L3
$3.5 < x_i \leqslant 4.5$	较不满意	L4
$x_i > 4.5$	很不满意	L5

（二）信息采集

利用判断式抽样法、就近式抽样法及目标式抽样法等非概率抽样方式抽取随机受试者。游客问卷、管理运营人员问卷及现场工作人员问卷均以现场派发为主，部分问卷由工作人员代为派发和回收。游客问卷采取回收后现场核对的办法，对于漏填、不清晰的内容实时予以补充、更正，对于有违逻辑的问卷及时询问缘由，视情况决定是否废弃，并安排补测。管理运营人员问卷及现场工作人员问卷则采用编号制，明确问卷的发放时间和部门，以便后期追踪。

（三）问卷调查结果及统计分析

1. 问卷调查结果

本阶段共发放问卷520份，其中游客问卷270份、管理运营人员问卷130份、现场工作人员问卷120份，共回收问卷469份，回收率为90.19%，剔除回答不完整、态度明显敷衍的问卷，所得有效问卷共计433份，其中，游客问卷223份、管理运营人员问卷98份、现场工作人员问卷112份，有效率为92.32%。所调研的场馆覆盖了5座省级馆及3座地市级馆，其中，广东科学中心为中国目前规模最大的综合性科技馆，四川科技馆为中国目前规模最大的改造类科技馆，其他几座场馆亦在展区设计上各具一定代表性。游客问卷及管理运营人员问卷的填写分别在展区及办公区内完成。现场工作人员问卷主要在展区内填写，少数轮岗休息员工则在办公区内完成问卷。以上评价主体均具有较好的文化素养及判断意识，对评价客体积累了一定的使用感受和体会。同时，除现场工作人员受工种类型影响导致女性较多外，其余类型受试者在性别、年龄构成上较为均衡，其中，两类工作人员的职务类型覆盖了科技馆内绝大部分的职能部门。

2. 统计分析

（1）均值分析

结果表明，游客、管理运营人员以及现场工作人员对科技馆的满意度评价均在"较满意"和"一般"的区间内。游客与管理运营人员的评价在一定程度上体现了共同点，但管理运营人员对问题的分析并不局限于呈现的效果，其评分尚考虑了效果本身与维护效果所付出的代价。而作为使用展厅时段最长的两类使用者，游客与现场工作人员对展厅的绝大部分评价较为接近，也相互印证了评价的客观性。

（2）单因素方差分析

结果表明，游客在三项指标的评价中满意度高于员工（管理运营人员及现场工作人员），而在一项指标的满意度评价中低于员工。游客与员工评价的差异可以总结为两个方面：一是说明设计方案满足了游客的需求但给员工的管理工作造成了困扰；二是员工对自身工作持有一定的肯定态度，而游客无法满足的多元化需求导致二者在评价标准上存在一定的差距。

（3）相关分析

结果表明，各要素之间与满意度总体评价之间均呈现正相关关系，游客数据与现场工作人员数据的相关性在整体分布上趋于一致，且均对建筑的导向性、功能识别性以及观展环境较为关注。现场工作人员对物理环境的舒适度也有一定的关注。

（4）因子分析

结果表明，游客与管理运营人员最为重视科技馆的设施设备与辅助空间。这意味着参观中的便利性与舒适感受到了极大的关注。此外，游客对参观氛围最为重视，如展品及展厅营造出的互动性参观氛围；管理运营人员则侧重于关注科技馆多元化的发展，如学术交流区、研发区的设计等；现场工作人员则最看重建筑本身及公共空间的设计，如平立面及大厅空间设计。

四、第二阶段满意度研究：以不同类型科技馆为控制变量

在第一阶段以不同类型使用者为控制变量研究的基础上，第二阶段研究对控制变量的选择、客体的分类方式及评价策略等做出一定调整。

如前文所述，综合性科技馆设计并无成熟的分类体系，如按展区的平面组合方式，可以分为大厅式、串联式、放射式及混合式。其中，放射式与混合式平面形制相近，但由于放射式各展厅只和公共大厅衔接，各馆之间相对独立，无法在各展馆之间形成连贯的参观流线，因此在设计实践中甚少采用。结合调研条件，第二阶段研究选择广东科学中心、四川科技馆、东莞科技馆作为主要调研对象，分别代表混合式、串联式以及大厅式布局（图3-1）。此外，笔者还调研了难以清晰界定平面组合形式的山西省科技馆、天津科技馆、河北省科技馆及雅安科技馆，将其归入"其他"布局形式之中。

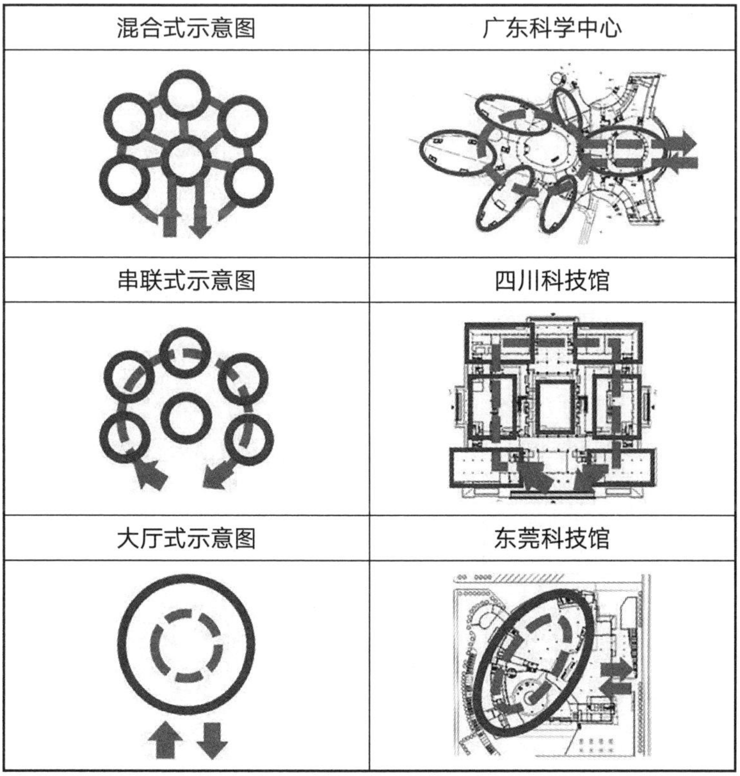

混合式示意图	广东科学中心
串联式示意图	四川科技馆
大厅式示意图	东莞科技馆

图3-1 科技馆展区布局形式分析图

（一）问卷设计和信息采集

第二阶段研究沿用第一阶段制订的游客满意度调研问卷。满意度评价指标包括了5大项36个子项。本阶段重点补充了广东科学中心、四川科技馆及东莞科技馆的问卷样本量，并及时筛查所得数据，以确保评价客体间数据的均衡，减少无关变量的影响。

（二）问卷调查结果及统计分析

1. 问卷调查结果

本阶段主要通过工作人员在各场馆内协助派发问卷，共发放305份，其中，广东科学中心80份、四川科技馆85份、东莞科技馆60份、其他类型科技馆80份，回收问卷275份，回收率为90.16%。剔除回答不完整、态度明显敷衍的问卷，所得有效问卷共计245份，其中，广东科学中心66份、四川科技馆73份、东莞科技馆50份、其他类型科技馆56份，有效率为89.09%。

2. 统计分析

（1）均值分析

结果表明，混合式、大厅式与串联式设计均在可接受范围内，其中，混合式科技馆多项评价优于其他两种设计，显示出一定的优势；串联式评价较为折中，与其他各类型评价近似；而大厅式各项评价差异较大，评价的稳定性较低。

（2）单因素方差分析

结果表明，不同类型平面组合方式会对科技馆的满意度评价造成显著差异。

（3）相关分析

结果表明，5项一级指标与满意度总体评价两两之间均存在显著的正相关关系，而硬件设施、辅助空间与体验因素之间两两呈强相关性。

（4）因子分析

结果表明，游客对于各类科技馆满意度评价所关注的因子构成基本一致，涵盖了设施设备、视听环境、辅助空间、交通、管理、平立面设计、服务、公共空间设计、物理环境、社会影响等方面。其中，设施设备因子、公共空间设计因子、管理因子及场馆选址因子在评价框架中较为稳定，显示出游客较为重视设施设备、辅助空间所提升的参观便利性。

五、满意度评价权重分析

利用层次分析法对中国综合性科技馆进行满意度评价权重分析，结果表明：准则层各指标重要程度排序从高到低依次为管理运营因素、功能及硬件因素、辅助空间及设施因素、体验因素、社会因素；基于层次分析法还计算得出准则层、子准则层各指标的权重值，从而构建了中国综合性科技馆满意度评价指标集，详见表3-5，表中最右侧两列数据分别显示的是子准则层对上一级准则层所属因素的权重以及子准则层各要素在目标层所占权重；根据层次分析法计算出的各指标权重，求得混合式、串联式、大厅式及其他布局类型科技馆的加权评分。将三组数据（加权综合得分、子准则层各指标的算术平均分、满意度总体评价得分的均值）进行横向比较可以看出，采用混合式布局的科技馆较其他三类科技馆在主要指标上获得更佳的评价。

表3-5　中国综合性科技馆满意度评价权重

目标层（T）	准则层（S1）	权重	子准则层（S2）		权重
			评价因素	权重	
中国综合性科技馆满意度评价	A 管理运营因素	0.2139	A1 开放时间	0.0833	0.0178
			A2 安全管理	0.1932	0.0413
			A3 咨询讲解	0.7235	0.1548
	B 功能及硬件因素	0.3875	B1 外观造型	0.0316	0.0122
			B2 面积尺度	0.0254	0.0099
			B3 空间变化	0.1019	0.0395
			B4 交通流线	0.0777	0.0301
			B5 展品维护	0.2214	0.0858
			B6 影院设施	0.0605	0.0235
			B7 实验室设施	0.0649	0.0251
			B8 休息区座位	0.2918	0.1131
			B9 大厅空间	0.1248	0.0484

目标层（T）	准则层（S1）	权重	子准则层（S2）		权重
			评价因素	权重	
中国综合性科技馆满意度评价	C 辅助空间及设施因素	0.0907	C1 辅助空间设计	0.0664	0.0060
			C2 配套设施	0.0740	0.0067
			C3 卫生间的设计	0.2779	0.0252
			C4 楼电梯的使用	0.2024	0.0184
			C5 无障碍设施	0.3792	0.0344
	D 体验因素	0.2637	D1 物理环境	0.1246	0.0329
			D2 导向性和标识性	0.0683	0.0180
			D3 展厅的视听感受	0.2449	0.0646
			D4 展品的互动性	0.4556	0.1202
			D5 停车区的设计	0.0453	0.0119
			D6 科技馆选址	0.0613	0.0162
	E 社会因素	0.0442	E1 社会交往	0.7500	0.0331
			E2 促进科学发展	0.2500	0.0110

第二节 综合性科技馆展厅的喜爱度评价研究

展厅是包括科技馆在内的所有博览类建筑的核心空间，是游客参观的主要目的，也是承载科学技术传播功能的主体。而喜爱度是评价主体对客体喜好程度的表述，受评价主体对环境认知的影响，最直接地反映在评价主体的反馈行为上。这一概念最早出现在心理学研究上，并在多个学科领域被广泛应用。在心理社会学研究中，K.斯特芬等于1982年提出了"环境喜爱度"评价模型，用以总结认知与环境在不确定社会中的作用。1994年，S.L.克赖茨等在对情感认知的研究中为量化态度所包含的情感提出了"喜爱度量表"的概念，量表包含了6个等级的喜爱度，由6组相对应的词汇对喜爱度进行描述，分别是不吸引人与吸引人、不好与好、不讨人喜欢与讨人喜欢、消极与积极、完全不喜欢与非常喜欢、不愉快与愉快。随后，在应用心理学领域，杨春草对上述喜爱度量表做出调整，考虑翻译为中文后各组词汇间的近似度，删去了不讨人喜欢与讨人喜欢。在营销学领域，R.耶尔等对消费者进行了广告喜爱度的评价研究。

本节研究重点将涵盖展厅空间的各围合界面（如墙面、铺地及吊顶等）、辅助空间（如婴儿车停放区、排队候展区等）及设施设备（如照明、展品设备间、科学表演特效仪器等），通过现场实勘、问卷调研、自由访谈等多种方式了解游客对展厅的显性与隐性需求，明确游客在科技馆展厅使用上的主观倾向，寻求游客喜爱的展厅模式和特点，借此弥补由于游客意见缺失所带来的设计问题。

一、先导性研究

（一）文献整理

通过查阅文献，笔者发现国内外针对这方面的研究较少，因此在文献研究中，笔者参考了博物馆等公共建筑展厅的评价研究，以了解展厅使用中的共性问题。此外，笔者对喜爱度评价的相关研究进行了梳理，系统了解了研究范围和研究方式。

（二）自由访谈

通过与广东科学中心、四川科技馆、河北省科技馆、东莞科技馆、雅安科技馆的管理运营人员、现场工作人员及游客进行自由访谈，明确了各类使用者对展厅的初步评价。

大部分受访者均对展厅给出"较满意"及以上的评价。受访者认为内部设施、装修基本能满足游客的身心需求，为科技展品的展陈提供必要的环境保障；但具体而言，受访者对不同场馆展厅各要素的评价存在一定程度的差异。

大部分受访游客表示计划用半天至一天的时间在场馆内停留，因而大部分受访者均表示了对休息区设施的重视，主要体现在座椅数量、舒适程度及配套设备等方面。

针对展厅的物理环境，访谈中主要提及声、光、热三个方面，大部分使用者给出"一般"及以下的评价。不少游客反映展厅局部有声聚焦现象，加重了噪声干扰，无法长久停留，这一情况在弧形展厅中反映较多，广东科学中心不少游客提出了这一问题。对于光线，游客评价集中在光线过暗与有炫光两个极端。一方面，部分以光电展示为主题的展厅光线过暗；另一方面，由于幕墙表皮、大面积天窗导致不少展厅出现炫光。此外，在热环境方面，不同年龄段游客对同一展厅中央空调的冷热程度反馈不一，可见科技馆展厅空调温度的设置并未兼顾不同年龄游客的需求。

大部分游客在展厅内关注较多的是展演内容及氛围，通常需要在问题的引导下才会提及展厅空间的变化，但有一种情况除外，即空间的变化与展品相关联并显示出了一定的趣味性。如在调研四川科技馆的过程中，笔者发现航空航天、展厅的大空间与大型地球模型的主题相关联（图3-2），因此主动对开敞空间提出好评的游客与其他展厅相比明显增加。

图3-2　四川科技馆航空航天、展厅的大空间与大型地球模型

展厅工作人员对展厅的评价较为复杂。一方面，对于展厅的总体评价均为"较满意"及以上，反映出工作人员对场馆硬件设施及对自己服务工作的肯定；另一方面，展厅作为工作人员办公的主要场所，他们不得不面对长时间服务没有工位、噪声干扰及人流量过大等情况。

二、现状调研

通过对中国科技馆、上海科技馆、重庆科技馆、天津科技馆、广东科学中心、四川科技馆、山西省科技馆、黑龙江省科技馆、河北省科技馆、陕西科技馆、武汉科技馆、东莞科技馆、雅安科技馆、香港科学馆14座综合性科技馆展厅的现场实勘，笔者发现：科技馆展厅的平面形状与整体造型息息相关，而形态造型通常由设计概念决定，总体而言，以矩形、扇形、弧形、纺锤形、曲边梯形等形状居多（图3-3～图3-7）。

图3-3　上海科技馆

图3-4　广东科学中心

图3-5　河北省科技馆

图3-6　陕西科技馆

图3-7　武汉科技馆

在展厅的人流通过方式方面，大型科技馆通常会对各展厅进行明确划分以便于管理，而展厅之间亦需要紧密衔接以串接流线，因此选用混合式作为人流通过方式，而穿过式多用于展厅之间由串接形式进行组合的场馆，口袋式则多用于需要对同一方向开设出入口的展厅平面。

在展厅的陈列形式方面，综合性科技馆的主要展厅多采用多线式陈列以提高布展效率，展厅在展品数量相对较少时倾向于使用三线式或多线式，而图片展厅则倾向于使用单线式及双线式进行陈列。

调研的场馆中大部分会在展厅内附设休息座位，规模较大的展厅倾向于结合展项布置座位，即成为展项的延伸部分，而规模较小的展厅由于空间局促，通常会在扶梯及走道旁设置几组休息座椅。休息座椅的材质以铝合金排椅和矩形玻璃钢体块居多。铝合金排椅便于清理，但不易与展厅设计风格协调。玻璃钢体块则可以选用与展厅色彩相协调的烤漆以融入场景，或选择其他明快的色彩与展厅主色调形成撞色对比。

展厅的楼地面通常选用环氧树脂自流平或磨石板地面，可以选择多种色彩来与展厅风格搭配，同时也便于清洁，避免静电。广东科学中心及香港科学馆部分展区则选用了织物地面（图3-8），增加舒适感，避免幼儿摔倒时受伤。

图3-8　香港科学馆的织物地面

在建筑立面材质上，绝大多数科技馆均选择金属板或玻璃幕墙以凸显科技感。部分科技馆在局部衬以石材进行虚实对比。笔者调研的科技馆中有3座选用石材作为主要立面材料。四川科技馆与陕西科技馆的场馆是由老建筑改建而来，保留了原建筑的石墙外立面。而香港科学馆采用石材外立面则是出于典型的现代主义设计手法，强调了矩形及厚重的几何线条。

三、问卷设计

本节问卷以游客与现场工作人员作为评价主体而设计，调研要素包含展厅空间形式、使用现状、科学表演舞台以及设施设备4大项，共13个问题（附录6），以封闭式选择题为主，设置2～8个选项不等，部分问题提供自由回答空格。鉴于受访人员可能对专业术语较为陌生，因此部分选项采用文字结合简图的方式予以示意。

四、数据采集

喜爱度评价问卷分两批通过两种方式发放。第一批是现场派发，发放对象包括游客和现场工作人员，由笔者以一对一访谈方式完成问卷，以深入了解受试者选择答案的具体缘由。在第二批问卷发放中，游客问卷是由现场工作人员协助派发，而现场工作人员问卷则是由管理运营人员协助派发。此外，笔者还就问卷中涉及的选型问题访谈了有科技馆设计经验的建筑师团队，包括中南建筑设计院股份有限公司、华南理工大学建筑设计研究院有限公司与西南建筑设计研究院有限公司的主创团队及若干参与过科技馆项目的建筑师。由于绝大部分建筑师作为设计者而非使用者，因此其意见仅作为专业意见参考，不计入统计数据中。

五、问卷调查结果及统计分析

（一）问卷调查结果

针对展厅的喜爱度评价问卷共发放170份，回收148份，回收率87.06%。其中，有效问卷125份，有效率84.46%。受访游客涵盖各行业、各年龄段人群，而受访的现场工作人员职务范围涵盖物业部、展教部、展厅管理、办公室、秩序维护、运行部、客服部、科学表演等部门。

（二）统计分析

通过对问卷调查结果进行分析，笔者发现：科技馆展厅平面组合方式以混合式布局最受使用者欢迎，因其具有分区明确及灵活度高的特点。展厅的通过方式以穿过式获得的喜爱度评价最高，因其具有导向性明显的优势。使用者对矩形及扇形两种展厅平面形状的喜爱度最高。

织物地毯和自流平是使用者喜爱度最高的两种楼地面材质。使用者最希望在展厅内大型展品周边设置休息座位。展品的新颖程度对使用者选择所要参观的科技馆影响最大。使用者将人流过多视为观展时最不满的因素。

使用者对展厅物理环境（声、光、热）的不满主要集中在噪声干扰方面。综合性科技馆应从平面布局上对展厅与办公区、展厅与教室以及儿童展厅与成人展厅的相对位置进行调整，以降低噪声干扰。建议通过展品设计控制建筑设备及展教设备的噪声，注重选用低噪声的设备；建议结合室内装饰降低展厅内的噪声干扰，例如展厅顶部可以采用吸声吊顶，墙面可以采用金属穿孔吸声板来吸声降噪，而楼地面则可选用地毯来降低游客走动的撞击声。

部分弧形展厅局部存在声聚焦现象，需注意加以避免。建筑立面不应为追求造型的通透感与科技感而过度使用玻璃幕墙材质，从而导致展厅内产生大面积炫光。

使用者最倾向于将科学表演舞台设置于展厅内主要通道一侧，其优点是游客能够将观演活动穿插在观展过程中。将舞台选址定于展厅内时需要注意提供演员更衣、化妆及道具收纳等空间。尽端式科学表演舞台最受使用者欢迎。当表演场地结合休息区布置时，需兼顾表演舞台与休息区的辅助空间和设施设备的配置。在面积局促的情况下，可考虑利用大厅、中庭等公共空间进行表演，可在上层通高空间设置面向中庭的廊道作为观看表演区，提高观演的灵活性。使用者认为舞台的空间尺度是科学表演区最需要加以改进的部分，应考虑满足特效及其设备的安装需求。科学表演因涉及物理、化学因素，有一定危险性，所以表演区域对防火有极高的要求，应考虑在舞台周边设置防火分区，在舞台与观众席之间铺设防火毛毡，保证舞台与观众席的安全距离，并设置栏杆等隔离设施，避免儿童靠近。

无线网络是使用者最希望展厅改善的硬件设施。行李寄存是使用者最希望科技馆增加的辅助功能。使用者认为展品硬件与讲解服务的提高最能提升参观的氛围和品质。

第三节　综合性科技馆休息区域及综合大厅使用方式的研究

使用方式评价是通过研究使用者对空间的利用方式，以了解使用者在特定建成环境中的行为以及生理、心理需求。通过使用方式评价能够探知使用者的行为模式及规律，为人性化的空间设计提供参考和依据。

本节主要以观察法作为了解建成环境使用方式的研究方法，同时利用问卷法、访谈法进行类比及对比，以提高研究的合理性与准确性。首先，本节在对若干国内综合性科技馆休息区域以及综合大厅进行系统观察的基础上，对休息区域以及综合大厅的使用方式开展了评价研究，由此深入了解休息区域以及综合大厅的具体使用情况，探寻游客的身心需求及行为规律。其次，本节结合对若干国外科技馆的调研，了解游客在休息区域以及综合大厅的其他显隐性需求。

一、休息区域的使用方式研究

（一）观察研究

本节的重点调研对象包括中国科技馆、四川科技馆和广东科学中心，覆盖了中国东部和西部具有一定规模和影响力的场馆。此外，笔者对其他休息区域设计较为典型的国内外综合性科技馆亦进行了有针对性的调研，作为资料的补充和设计参考。

1. 观察计划

（1）以游客作为主要观察对象，以午休及闭馆前这两个时间节点与普通参观时段进行对比观察。根据中国大部分科技馆的开闭馆时间及游客的作息特点

（开馆后至午休前，游客较少休息）拟定观察时间，包括：午休时段（11：30—14：00）、普通参观时段（14：00—16：00）与闭馆前时段（16：00—17：00）。由于调研时间和精力有限，本次重点调研并未涉及大型节假日与平日、极端气候与普通气候调研时间的区分。对国外科技馆进行的调研由于受调研条件所限，且并非本次研究重点，所以大部分场馆并未严格按照上述时段进行观察。

（2）采用非参与观察的方式，对观察对象进行时间取样观察，以照片和行为核查表相结合的方法进行取样记录。

（3）观察内容主要包括游客的个人行为、休息区域的使用方式、不同年龄段游客的活动特点及需求等。游客的个人行为既包括符合区域功能的普通使用行为，又包含对功能、空间的使用失误行为以及完全超出设计预期的使用特例。

（4）行为观察、行为核查记录以及照片取样工作同时进行，以保证观察记录的完整性。

2. 观察要点

（1）对主要使用人群的构成进行总结，了解各类人群的使用目的、使用侧重点及行为特点。

（2）关注建成环境实际使用状况与设计意图之间的差距，分析造成差距的原因。

3. 观察结果

（1）就休息区域设置的位置而言，已调研的国内案例主要以满足游客的基本需求为主，易寻与便利兼具，主要包括三种设置方式：结合大厅设置、于展厅之间的公共区域设置（包含各展厅出入口附近设置的情况）以及沿公共区域走道设置。国外案例则更倾向于结合景观以及咖啡厅设置休息区，部分场馆除在展厅内设有休息座椅外，并未在场馆内的公共区域设置休息区，以鼓励游客进入咖啡厅消费休息。

（2）主要游客群体是儿童和少年，其参观过程多由家人陪同或由学校组织进行团体参观。低龄儿童以玩耍为主要目的，需要依赖婴儿车的推行进行参观。少年儿童喜好玩闹追逐，在休息区内需要无线网络以及充足的空间。这两类游客的活动需要安全提示与一定的看顾。

（3）各场馆休息区座位数量在节假日、团队参观时期以及午餐时间均表现出不同程度的不足，游客会自发在场馆内寻找可以替代休息座位的设施。这一情况在国外热门场馆的参观高峰期亦较为常见。

（4）玻璃钢与铝合金是科技馆休息座位最常选用的两种材质，通常场地面积较充裕的中大型场馆倾向于使用玻璃钢材质，而中小型场馆在场地面积有限的情况下更倾向于使用铝合金排椅。

（5）游客在科技馆内的活动与在博物馆等博览类建筑中的活动差异较大，在休息区常见游客躺卧小憩，且这一现象在中老年游客中最为明显。

（6）游客在休息过程中除饮水与简单进餐外，通常还伴有交谈、玩手机等行为，因而对休息区域的设施设备有着多元化的需求。

（7）休息区座椅应结合桌子设施，以便于游客放置饮料、食物等。

（二）**访谈研究**

为验证前期观察调研结果，进一步探知游客的隐性需求，笔者还对休息区域的使用者进行访谈。

1. 访谈对象

访谈分为三个批次进行。首先是对中国科技馆、四川科技馆以及广东科学中心的游客进行重点访谈，由于在前述研究中已经发现不同年龄段的游客需求的差异性，因此，访谈中将会对游客的年龄因素进行关注；其次，笔者还就其他场馆发现的典型问题和现象对游客进行有针对性的访谈，同时也将对现场工作人员的访谈作为研究的一部分；再次，笔者主要对广东科学中心的现场工作人员进行了深入访谈，现场工作人员主要来自运行部、客服部、物业部等部门，工作岗位覆盖讲解员、前台咨询、失物招领、秩序维护等。

2. 访谈内容

（1）针对游客的访谈内容

采用半结构化问卷访谈，主要涉及两部分。第一部分是访谈部分，系统询问了游客对休息区域的使用意见，问题包括：您在休息区域内的停留时长以及主要活动有哪些？您认为休息区域的座位数量是否充足？是否需要增加座位？座椅的理想形式与材质？您认为休息区域需要配置哪些设施设备？您认为休息区域应靠近哪些辅助空间？您对休息空间的使用是否满意，有哪些建议？第二部分是对不同年龄段游客进入休息区域前运动代谢数据的收集，通过代谢率数据了解游客的体能消耗，从而判断已有休息区域设施的合理性。这部分调研需要游客回答年龄以及在一小时内参加的活动。研究要求受试者就最近一小时内参加的运动分四个时段进行填写：60～45分钟内进行的运动；45～30分钟内进行的运动；30～15分钟内进行的运动；15～0分钟内进行的运动。将填写问卷前这四个时段内的平均代谢率视为游客的最终代谢率。最终将以热舒适标准（ISO 7730—2005）中代谢率量化方式进行计算（表3-6）。

表3-6　代谢率对照表

活动类型	活动状态选项	代谢率/met
休息	睡觉	0.7
	静卧	0.8
	静坐	1.0
	驻足	1.2
行走	慢步	2.0
	普通速度	2.6
	快步	3.8
工作（坐姿）	阅读或写字	1.0
	上网	1.1
	整理物品	1.2
	站着整理物品	1.4
工作（非坐姿）	蹲步	1.7
	搬举	2.1
其他	健身	3.0
	网球/羽毛球	3.8
	篮球/足球	6.3

（2）针对现场工作人员的访谈内容

访谈问题主要包括：老、中、青、少、幼五代人在休息区域中的主要活动、参观目的及游览特点有哪些？老、中、青、少、幼五代人在休息区域内最需要您哪一方面的协助？

3. 访谈结果

（1）除午休时段外的其他调研时段中（14：00—17：00），游客在休息区域内停留时长为10～20分钟。而午休时段内（11：30—14：00），游客如需在休息区域内进行简餐并小憩，则通常耗时20～40分钟，其中，以老年游客与需要照顾小孩进餐的家庭耗时最长。游客在休息区域内主要进行简餐、饮水、交谈、翻看手机等活动，绝大部分游客处于静坐状态，偶有游客蜷腿而坐、躺卧。

（2）高峰期休息座位不足时游客倾向于在场馆内寻找替代设施，靠坐休息。设计师可以通过设置台阶踏步、抬高踢脚翻沿、凸出扩宽扶手栏板等方式为游客提供临时靠坐的位置。

（3）游客认为理想的休息座位材质应具备"柔软""不要太凉""便于清洁"的特质。在不考虑成本的情况下，绝大多数游客选择了皮质座椅，并提出了设置椅背的需求。

（4）游客对于休息区域设施设备的需求集中于饮用水和手机充电两个方面，数字时钟、演出时刻显示器亦在需求范围内。

（5）除《科学技术馆建设标准》（建标101—2007）中规定的休息区域应配备的辅助空间外，游客还希望在休息的过程中观看科学表演、阅读相关科技书籍、欣赏绿化景观。

（6）游客还对休息区域的设计提出了建议。部分游客认为休息区域的划分不明确，导致高峰期时区域内部的混乱，宜对休息区域适当进行动静分区。此外，部分游客还建议将休息区域设置于较高楼层，从而引导游客参观较高楼层的展厅。

（7）科技馆内少年组（7～20岁）、青年组（21～39岁）、中老年组（40～65岁）游客的平均代谢率分别为2.21met（标准差SD=0.54）、2.05met（SD=0.45）、1.67met（SD=0.40），各年龄段游客的平均代谢率明显高于其他公共建筑内人群的活动。因此与其他公共建筑的设计理念相比，科技馆内休息区的设置更应以人性化、舒适性作为首要考虑因素。

二、科技馆综合大厅的使用方式研究

（一）观察研究

遵循代表性与典型性原则，根据研究目的和条件，笔者选择广东科学中心与黑龙江省科技馆作为主要调研对象。其他国内外场馆的调研案例则作为资料的补充与设计参考文件。

1. 观察计划

（1）针对科技馆综合大厅使用方式的观察调研以游客作为主要观察对象，调研以开馆后时段（9:30—10:30）、午休时段（11:30—14:00）、闭馆前时段（16:00—17:00）这三个时间段作为主要观察时段。对其他国内外场馆的调研因受调研条件所限，仅作为案例补充与设计参考，故观察并未严格按照上述时段进行。

（2）观察内容主要包括游客的个人行为、大厅的使用方式及不同年龄段游客在大厅内活动的特点和需求等。游客的个人行为既包括符合区域功能的普通使用行为，又包含对功能、空间的使用失误行为以及完全超出设计预期的使用特例。

（3）观察采用非参与观察的方式，对观察对象进行时间取样观察，以照片和行为核查表相结合的方法进行取样记录。行为观察、核查记录以及照片取样工作同时进行。

2. 观察要点

（1）观察游客对于综合大厅各功能布置的适应程度，了解设计与大众认知习惯之间的差距。

（2）对主要使用人群的构成进行总结，了解各类人群的使用目的、使用侧重点及行为特点。

（3）关注建成环境实际使用状况与设计意图之间的差距，分析造成差距的原因。

3. 观察结果

（1）综合大厅的功能可以归纳为公众入场、公众接待及公众服务三个环节。公众入场包括购票（取票）、检票及安检；公众接待则涵盖行李寄存与问讯；公众服务则包括服务设施及服务空间。其中服务设施主要指轮椅及婴儿车，服务空间则包括广播室、医务室、投诉接待室、休息区（等候区）、饮水处及卫生间等。此外，部分场馆大厅内还设置了茶座、餐饮、商店等商业空间。

（2）大厅的形式与其功能密切相关，而功能的布置又在一定程度上影响了采光方式，进而限制了大厅的模式。门厅作为与大厅衔接的最重要的功能空间，与大厅主要有两种空间关系：当大厅不是综合性大厅时，大厅与门厅功能分离，二者通常于平面上紧密衔接；当大厅为综合性大厅时，其空间则包含了门厅功能。非综合性大厅空间大多采用幕墙侧面采光方式，而综合性大厅空间多采用顶部天光采光，常设计为两层或多层通高空间。

（3）广东科学中心与黑龙江省科技馆大厅入口处均未分设散客入口和团队游客入口。广东科学中心由于面积充裕，其出入口被划分为1号门入口、2号门入口及出口三部分，常用的1号门后附三条安检通道，团队通过时可占用其中两条，散客亦能正常进入，当团队入馆恰逢游客高峰期时，亦能开启2号门作为应急方案。黑龙江省科技馆日常使用时两扇入口并未全开，仅一侧入口配合一条安检通道检票。由于门外设置排队通道，因此能够保证游客入馆的秩序性，但高峰期游客入馆效率极低。

（4）游客经由检票、安检入馆后除需适应大厅环境外，部分行李较多的游客常需要寻找行李寄存处，存放多余行李。

（5）尽管大部分场馆均设有婴儿车与轮椅借存处，但有需求的使用者基本都自备，向场馆借取概率较低，同时馆内婴儿车的使用比例远高于轮椅。

（6）广播室、医务室以及投诉接待室三类公众服务空间中，广播室使用频率较高。大部分游客使用公众服务空间前都会先咨询总服务台，因此，总服务台的位置需要易寻，而公众服务空间则并无易寻的迫切需求。

（7）门厅内的辅助空间，如休息区（等候区）、饮水处、卫生间等，仅在开闭馆以及午休时段使用频率较高。

（8）科技馆餐厅仅午餐时段人流集中。由于国内科技馆的商业发展长久以来受政策限制，馆内就餐可选种类并不丰富，部分游客除午餐时间会进入消费外，午后的其他时段通常选择直接离馆就餐，基本不会在馆内餐厅用餐。

（9）科学商店通常设于大厅靠近出口处，便于游客离馆时消费。

（10）在门外取票，入馆时安检、检票，比先安检后取票的流程更为明确，但入馆花费时间较长。

（11）如果大厅内标识清晰、场馆设计符合使用经验，则游客能较快进入角色开始参观。如游客暂时无法辨认环境，则大多前往问询处，在获取信息后再开始参观。

（二）**访谈研究**

在前文观察成果的基础上进一步对使用者就综合性大厅的使用情况进行访谈，进一步挖掘使用者的隐性需求。与此同时，在同一使用问题的处理上，引入不同案例，为问题的解决拓展思路。

1. 访谈对象

针对综合大厅的访谈同样分三个批次进行。首先，是对广东科学中心及黑龙江省科技馆的游客进行重点访谈；其次，笔者就调研中遇到的典型问题，对部分游客进行有针对性的访谈；最后，就不同年龄段游客对综合大厅需求的差异性问题，对广东科学中心现场工作人员进行深入访谈。

2. 访谈内容

（1）针对游客的访谈内容

主要涉及的问题有：您在综合大厅内的停留时长以及主要活动有哪些？您认为综合大厅拥堵并需要疏导的空间有哪些？您认为综合大厅的哪些设置对入馆后参观路线的指定有帮助？您认为综合大厅理想的空间形式应具有哪些特质？您认为综合大厅还需要配置哪些设施设备？您认为综合大厅除现有的功能外还能做哪方面的功能拓展？您对综合大厅的使用是否满意，有哪些建议？

（2）针对现场工作人员的访谈内容

访谈问题主要包括：老、中、青、少、幼五代人在综合大厅中的主要活动、参观目的及游览特点有哪些？老、中、青、少、幼五代人在综合大厅内最需要您哪一方面的协助？

3. 访谈结果

（1）游客希望至少在工作日时分设团队和散客入口，周末入馆高峰期时则考虑将团队入口兼做散客入口使用，以提高入馆效率。

（2）游客认为综合大厅入口处应增设雨具寄存处。

（3）广播室、医务室以及投诉接待室三类公众服务空间中，广播室使用频率较高。大部分游客使用公众服务空间前都会先咨询总服务台，因此，总服务台的位置需要易寻，而公众服务空间则并无易寻的迫切需求。

（4）游客表示，除出入馆时段需使用综合大厅设施或在休息区等候外，其他时间并未在综合大厅内停留。大部分游客在综合大厅停留时长约为20分钟。

（5）游客认为各类型标识中以顶部指引和功能标志最为显著，但其指引方位性、延续性较差。地面指示导向性更为明确，且具有一定延续性。与辨认标识相比，年长的游客更依赖于服务台工作人员的指引，而儿童则喜欢识别电子地图。

（6）游客认为综合大厅安检通道出口处最为拥堵，需要设计疏导空间。寄存、咨询等功能区域之间应与安检口保持一定距离，以免两方或多方人流聚集，加剧拥堵情况。而各功能区域设计时也最好有充足的缓冲空间，便于高峰期时疏散人流。

（7）游客表示理想的综合大厅空间应为开敞空间，且在空间和氛围上具有震撼性，并突出科技主题。

（8）科技馆综合大厅的设施设备已能满足基本需求，可以考虑加设网络支付系统、ATM机、自动寻车系统以及停车自助缴费系统，提升便利性。

（9）综合大厅还可以就承办夏令营、露营、会议发布等功能进行拓展。

（10）游客对科技馆综合大厅的改进意见主要涉及增强大厅的商业化氛围、增设人工安检通道、能够指定应对极端气候的策略。

第四节　本章小结

本章从满意度、喜爱度和使用方式三个方面对综合性科技馆进行了使用后评价研究。

在对综合性科技馆进行满意度评价时，笔者首先在实地勘察、现场访谈、问卷调研等先导性研究的基础上，明确了研究内容与研究方法，制订了研究策略和计划，并对调研的问卷数据进行了信度检验。然后，分阶段对综合性科技馆满意度评价进行了研究，在第一阶段研究中以管理运营人员、现场工作人员及游客三类使用者作为控制变量，对广东科学中心、四川科技馆、山西省科技馆、天津科技馆、湖南省科技馆、河北省科技馆、东莞科技馆、雅安科技馆等中国具有代表性的综合性科技馆进行了满意度调研；第二阶段研究对控制变量的选择、客体的分类方式及评价策略等做出了一定调整。最后，利用层次分析法对中国综合性科技馆进行了满意度评价权重分析。

对综合性科技馆展厅空间的喜爱度评价主要采用了问卷调查的方式，并结合现场访谈，主要涉及展厅空间形式、使用现状、科学表演舞台及设施设备四方面内容。

在对综合性科技馆休息区域及综合大厅的使用方式进行研究时，主要以观察法作为研究方法，同时利用问卷法、访谈法进行类比及对比，深入了解了休息区域和综合大厅的具体使用情况，以及游客的身心需求及行为规律，并结合若干国外科技馆的调研情况，了解了游客在休息区域以及综合大厅的其他显隐性需求。

/ 第四章 /

若干使用问题的诊断性评价与改进方案

第一节　若干使用问题的概述

基于第三章多角度、系统性的评价研究，中国综合性科技馆设计和使用中存在的问题已基本查明。本章将提取若干突出问题进行集中、诊断性探讨。

一、场地的设计和使用问题

这一问题在综合性科技馆的项目中尤为突出，大部分科技馆场地的室外展示、整合交通功能在设计和使用中被忽视，导致部分展示功能缺失，交通接驳能力大打折扣。因此，有必要就这一问题进行深入探讨，并结合成功案例拓展设计及使用思路。

二、瞬时最高游客容量问题

根据前述研究可知，人流过多是造成游客对展厅环境不满的主要因素。科技馆需要制订相应的控流方案，从而在尽可能满足更多游客的参观意愿与保证参观品质之间取得平衡。由于瞬时最高游客容量涉及使用者感受、场馆硬件设施等诸多问题，因此，本章将其列为焦点问题进行深入研究。

三、售票区的设计问题

售票区设计合理与否直接影响后续入馆环节的流畅性，同时，售票区应具有完善的功能设置、提供多元化的信息及人性化的服务，能够提升游客参观的便利性与体验感。因此，本章拟对售票空间进行焦点性研究。

四、各类服务与硬件协同问题

科技馆广义的服务包含多个层次与不同方面的内容，既有人工层面又有非人工层面，完善的服务离不开前瞻性的服务理念、合理的场馆规划以及审慎的细节设计三者的协同作用。本章针对游客在使用中反馈的服务问题，从规划、设计的角度加以讨论，寻求改进方法。

五、布展问题

布展是场馆运营的核心环节之一，由于科技馆展示周期和展品尺寸极具特点，因此，在设计时尤其需要关注送展、设展以及撤展各环节的空间需求，从而保证布展有条不紊地进行。功能缺失、运输空间过窄、仓库面积不足和荷载安全是布展时工作人员面临的突出问题。本章从科技馆的布展特点出发，分析问题产生的缘由，从而帮助建筑师重视相关空间的设计，规避潜在的问题。

第二节　诊断性评价的概述

诊断性评价是基于测量学和统计学模型建立起来的评价方式，最初用于医学领域建立"认知诊断模型"，随后又被广泛应用于教育、交通运输、自动化、航空航天等各领域。诊断性评价是就评价客体是否达到预期目标而做出的测定性评价，旨在分析评价客体中存在的问题，挖掘问题的根源，从而使评价对象适合使用者的需要。

第三节　场地的设计和使用问题

综合性科技馆场地承担着室外展示和交通接驳两大核心功能。然而，中国综合性科技馆室外展区的设计规划考虑不够，场地内部交通及场地与城市交通的衔接也未见显著改善。本节主要从室外展区与场地交通设计两个方面对综合性科技馆的场地设计问题进行讨论。

一、场地的使用现状

在笔者调研的11座国内科技馆中，有8座科技馆没有规划室外展区，主要存在三种情况：其一，仅在场馆外象征性设置少量雕塑、模型等装置，如山西省科技馆、河北省科技馆、东莞科技馆以及香港科学馆，其中，河北省科技馆与香港科学馆是由于用地局促无法设置。其二，场馆设置步道与周边公园绿化衔接，作为科技馆室外部分，如重庆科技馆即是结合江北公园设置室外绿化，但在步道绿化中并未加入科学元素，更多的是作为休闲景观。其三，场馆周边的区域已被作为停车场占用，且无法做到人车分流，所以并不存在室外展区。调研中显示的国内综合性科技馆室外展区设置情况见表4-1。

表4-1　国内综合性科技馆室外展区设置情况

调研场馆	室外展区规划	现有功能区域			特色
		展示区	教育区	休息区	
黑龙江省科技馆	有	场馆外设置不同类型的日晷、火箭、风车等模型	无	无	在入口处标明了室外展区的路线，但室外展区实际使用中被作为停车场占用，几乎没有游客环场馆参观

调研场馆	室外展区规划	现有功能区域			特色
		展示区	教育区	休息区	
山西省科技馆	无	入口平台处设置雕塑	无	无	—
天津科技馆	无	被作为临时停车场	无	无	—
河北省科技馆	无	临贴外立面处设置一组火箭模型	无	有	入口购票处设置休息座位
重庆科技馆	无	结合江北公园设置室外绿化	无	有	—
四川科技馆	有	场馆内院设置室外展区，室外展区分为东西两区，东区为李冰治水展区，西区为互动式儿童展区	无	有	儿童展区采用明快的色彩，结合塑胶铺地保证活动安全
武汉科技馆	无	几乎无室外展区，场馆周边场地主要用于解决停车的问题	无	有	—
雅安科技馆	无	几乎无室外展区，场馆周边场地主要用于解决停车的问题	无	有	一层廊道灰空间设休息座位
广东科学中心	有	分类型设置，覆盖生态、技术、户外拓展、最近节能科技等多个领域，同时还展示了建筑自身的抗震技术	有	有	其中的"太阳能风帆"展项每年能为广东科学中心提供超过30000kW·h的电能
东莞科技馆	无	入口两侧设置两组名人雕像	无	无	—
香港科学馆	无	仅入口平台处设置花园绿化，有科学雕塑	无	无	—

已设室外展区的科技馆，如广东科学中心与四川科技馆的室外展区设计从内容到形式以及材料的选取上均经过了审慎的考量。黑龙江省科技馆在入口处标明了室外展区的参观路线，将各室外展项串接起来，但实际使用中路线沿途被

临时停车所占据，并未规划人车分流路径，因此几乎没有游客在场馆外的场地参观。

二、现状问题的诊断分析

从调研结果不难看出，目前国内综合性科技馆室外展区的症结可以归结为受用地面积所限和非受用地面积所限两类。

室外展区受用地面积所限包括三种情况：首先，是场地条件极端困难，并无余地可供室外布展，如香港科学馆。其次，是场馆用地较为局促，因此优先解决停车矛盾，将室外场地用于停车。这一情况常见于老馆在后期使用时将疏散场地征用为临时停车场，且并未做人车分流的规划。再次，是设置了室外展区，后被作为停车场占用。

当场地并未受用地面积所限时，各场馆采用不同形式、在不同层级上设置了室外区域，主要体现了三个方面的问题：首先，没有足够重视室外展区的设计，在用地充裕的情况下并未对室外展区进行精心地规划和审慎地设计，常以一两组雕塑草草代替，并未起到科学传播和教育的作用。其次，是规划内容单一，仅将绿化景观作为主要或唯一的展示内容。第三，已有的规划合理、内容丰富的室外展示也并未得到充分的利用。例如，广东科学中心室外展示内容覆盖生态植物园、户外拓展区与节能环保展项等多个领域；然而，由于园区面积较大，室外展区距离室内展区较远，由于无法估算参观距离和时间，因此甚少见到老年人远距离步行参观。这一情况在夏季较为明显，烈日下通往室外展区的步道并未设置遮阳设施，因此，夏季室外展区游客稀少。此外，调研的11座科技馆中仅有6座设有室外休息设施，仅广东科学中心设有教育区。

由此可见，用地紧张、规划与设计不够合理、使用方式不当是致使国内综合性科技馆室外展区未能起到应有的科学传播与教育作用的主要症结所在。

三、室外展区的改进方案

（一）展区功能的完善

1. 展示功能

与室内展区相同，展示与教育是室外展区的两大核心功能。就展示内容而言，主要覆盖科学技术、自然生态以及地域文化三大部分。以设计、运营较为成功的四川科技馆和广东科学中心为例。四川科技馆将场馆内院划分为东、西两个室外展区，东区为李冰治水展区，西区为互动式儿童展区。前者展示地域科学文化，后者鼓励以互动的方式学习现代科技。东、西两区从内容到服务对象上均有一定的差异，能够为不同的游客提供多元化选择。广东科学中心的室外展区在地域科学文化、互动式现代科技的基础上，将展示内容扩展至生态植物园、户外拓展区与节能环保展项等多个领域。除展示内容丰富外，广东科学中心还将科技馆建筑自身的抗震技术作为展项，真实而直观地展现应用科学成果，具有视觉冲击力（图4-1）；而在展区内设置的"太阳能风帆"展项（图4-2），则是利用风帆状太阳能构建，每年能为场馆提供超过30000kW·h的电能。室外展品的设置充分展示了展品自身的科学性、技术性以及节能环保的主题。

图4-1　广东科学中心隔震支座展示

图4-2　广东科学中心"太阳能风帆"

除11座国内科技馆外，笔者还对15座国外综合性科技馆的室外展区进行了调研，具体情况见表4-2。15座场馆中，仅硅谷计算机历史博物馆与日本科学未来馆未设置室外展，其他13座均在不同区域、不同程度地设置了室外展区。与国内科技馆的室外展区相比，国外综合性科技馆室外展区的内容更为多元化，增加了诸如考古挖掘、自然地貌、天文观测、潜艇探险、城市天际线（曼哈顿）、水路两栖体验等展项。

表4-2 国外综合性科技馆室外展区设置情况

调研场馆	室外展区规划	现有功能区域			特色
		展示区	教育区	休息区	
佩洛特自然科学博物馆	有	儿童活动场地，兼作露天剧场	有	有	作为儿童展厅的户外部分布置于下沉空间
沃斯堡科学与历史博物馆	有	室外雕塑展品、室外活动器械、考古挖掘场地、室外绿化景观	有	有	场地内有配套设施，如挖掘体验场地有休息区、洗手池、垃圾桶等
旧金山探索馆	有	靠海边设置各类互动型展品	有	有	可以观看旧金山湾区城市与海景
圣何塞儿童探索博物馆	有	分主题、以递进的顺序对自然地貌进行展示	有	有	在入口处设置游览路线图，设有室外教育、展演剧场
硅谷计算机历史博物馆	无	—	有	无	将部分后勤区域划分为室外教育区
谢伯特太空及科学馆	有	设于屋顶，结合天文观测台设置顶部观景台	有	有	—
俄勒冈科学与工业博物馆	有	临湖而设，室外展品为置于湖下的退役潜艇，游客能够下到水下进入潜艇参观	有	有	分时段开放，且场地内规划单向参观路径，游客不用迂回行进。
加州科学中心	有	停车场至场馆入口的景观路径上设有飞机模型等大型展品装置	有	有	—
加州科学院	有	屋顶设有植被生态系统展示，一层室外场地设有科学装置	有	有	屋顶除加州植被展示外还设有人工讲解台，便于游客随时咨询了解

调研场馆	室外展区规划	现有功能区域			特色
		展示区	教育区	休息区	
劳伦斯科学厅	有	入口处设有搁浅的鲸鱼雕塑，呼吁人们保护海洋环境	无	有	—
查尔斯·海登天文馆	有	将整个城市作为室外展区，沿场地周边规划游览路线，将查尔斯湖到城市的各标志物串接起来作为游览讲解点	无	有	游客在入口处坐水路两用车参观
新泽西自由科学中心	有	在屋顶设置室外观景台，观看对岸曼哈顿天际线	无	有	设置投币望远镜
纽约科学馆	有	分年龄段设置室外展示，为幼儿设置沙地结合原理较为简单的互动型展项，并附上解释；为青年设置大型户外活动组合设施	有	有	分年龄段设置室外活动场地
富兰克林研究院	有	室外展区主要以观看装置为主，互动型设施均为儿童游乐设施，设有休息座位	无	有	首先保证儿童的娱乐需求，并设置休息座位方便家长从旁看顾
日本科学未来馆	无	入口处设置景观	无	有	—

　　总体而言，国外科技馆室外展项的设计有两大趋势：首先，室外展项的设计从满足普适性需求进阶为满足不同年龄段游客的需求。如纽约科学馆的室外幼儿展区为沙地结合原理较为简单的互动型展项（图4-3）；而青年展区（图4-4）为大型户外活动组合设施。设施无论从操作的复杂程度还是运动量和尺度上都大于幼儿展区。其次，与室外展项相关的设施设备的配置日趋完善，且极具科技创新意识。如沃斯堡科学与历史博物馆的考古挖掘展项，场地内配有洗手池、垃圾

桶等设施，且为等待小孩的家长从旁设置了休息和观看区。而查尔斯·海登天文馆则开发了水路两用车，可便于游客参观各景点。

图4-3　纽约科学馆室外幼儿展区

图4-4　纽约科学馆室外青年展区

2. 教育功能

教育是室外展区除展示外的另一大功能，也是综合性科技馆在室外展区设计中最容易被忽视的一个环节，通常以室外讲堂的形式布置露天阶梯式展教空间。在笔者调研的11座国内科技馆中，仅广东科学中心设置了室外教育空间，而调研的15座国外科技馆中，10座科技馆设有教育区，未设置的5座科技馆部分场馆可以推测是因用地有限而无法设置。在设置教育展区的案例中，设计师通过各种闲置空间的开发利用，为室外教育区创造空间。如硅谷计算机历史博物馆将部分后勤区域划分为室外教育区（图4-5），除室外授课外还能进行露天表演活动；加州科学院则在屋顶处设置生态教育区；佩洛特自然科学博物馆开辟了下沉空间，结合室外展示布置教育空间（图4-6）。

图4-5　硅谷计算机历史博物馆室外教育区

图4-6　佩洛特自然科学博物馆下沉教育区

3. 其他功能

除展示与教育功能外，室外展区还具备一定的休闲观景功能。如佩洛特自然科学博物馆在入口处设置绿地、水景以及雕塑展品（图4-7）。而部分场馆则将户外休息区商业化，在户外展区一侧设置咖啡厅及室外就餐区，如加州科学院的户外休息区（图4-8）。笔者在调研中了解到，部分工作人员认为在用地受限时更倾向于室外展区选择休闲观景功能，因为展厅内已有室内展示，而室外自然景观则能从题材上与室内展品有一定的差异性，能丰富展示内容，且其服务对象并不局限于科技馆游客，工作人员和周边的居民同样能够获益。

图4-7　佩洛特自然科学博物馆入口处景观

图4-8　加州科学院户外休息区

室外展区除观看户外展项以及聆听、参与户外教育课程外，还有多种活动类型可以在设计中加以考虑。以儿童为例，操作、攀爬是儿童较为热衷的活动，因此各类科技馆的儿童户外区也多针对这一活动特点进行设计。如纽约科学馆就针对儿童热衷攀爬的特点设置了儿童活动器械（图4-9）。此外，随着智能手机的普及，游客即兴拍照留念的需求也在逐渐增加，各类室外合影点的设置也增加了观展的趣味性和纪念性。

图4-9　纽约科学馆攀爬器械

（三）参观流线的设计

室外展区的流线设计也应加以重视，使游客能够充分了解室外展区的内容和使用方式，从中选取适合自己的展示与活动类型。室外展区的参观流线，可以从题材、活动类型、游客年龄段及参观时长进行划分。游客可以根据自身喜好和参观时长有选择性地参观。如纽约科学馆的儿童室外展区限制进入游客的年龄段，除家长外，超过年龄的游客不得入内，以避免拥挤、冲撞对幼龄儿童造成伤害。圣何塞儿童探索博物馆在入口处设置地图（图4-10），地图除显示展项简图、标明路径外，还标注各展项的活动类型，如建造、挖掘、远望、攀爬、种植等。

图4-10　圣何塞儿童探索博物馆室外展区地图

（四）停车场的改进方案

停车是综合性科技馆室外场地除室外展示外的另一项主要功能，在场地面积有限的情况下，大部分场馆倾向于优先满足停车这一刚性需求。笔者就综合性科技馆停车场的设置情况对12座国内科技馆与12座国外科技馆进行了调研，具体情况见表4-3所示。

表4-3　国内外综合性科技馆停车场设置情况

调研场馆	停车场现状	停车场特点
黑龙江省科技馆	沿场地内道路设置，占据室外参观步道，无人车分流	—
山西省科技馆	架空平台下设置半地下停车，车位充足	与场馆衔接紧密，通风良好、车位充足
天津科技馆	占用室外展区	—
河北省科技馆	地面停车，车位不足，占用室外展区	—
重庆科技馆	地下停车，公交接驳，但距离地铁站较远	地铁出入至场馆需要在不同层高穿行，且指示不明确
四川科技馆	地面停车，车位紧张	设电动汽车充电车位，可借用毗邻广场的地下停车场

调研场馆	停车场现状	停车场特点
湖南省科技馆	地面停车，结合景观布置，大客车与小汽车停车位分设	—
武汉科技馆	场馆周边场地主要用于解决停车问题，车位充足	毗邻武汉关景点，交通便利，且可以搭乘轮渡前往。
雅安科技馆	地面停车	地面采用井字植草砖
广东科学中心	仅科普教育区便能提供14500m²的室内停车、29000m²的室外停车。在节假日高峰期，展区前80000m²的前广场亦能作为临时停车场	车位数充足，且有高峰期应急方案；但距最近地铁站有5.5km，约30分钟公共交通车程
东莞科技馆	除场馆内地面停车外，场馆与园区内各公共建筑共享大面积停车场	地面采用植草砖
香港科学馆	地下停车	公共交通发达
佩洛特自然科学博物馆	设于场馆外高架桥下，与其他城市车辆共用	在场馆入口处设出租车、网约车停靠点
沃斯堡科学与历史博物馆	地面停车，残疾人车位靠近入口，凭证停车	—
旧金山探索馆	公共交通便利，停车困难，车位极少	—
圣何塞儿童探索博物馆	地面停车，停车场与城市道路之间设有树木隔离带	用地局促，车位有限，仅能侧方位停车
硅谷计算机历史博物馆	地面停车，设共享单车停车位	设电动汽车充电车位
谢伯特太空及科学馆	半地下停车，停车场隐蔽于山林之中，斜楼板式停车库	—
俄勒冈科学与工业博物馆	地面停车，路边设校车临时下客处	—

调研场馆	停车场现状	停车场特点
加州科学中心	于广场下设两层地下停车，满足大量停车需求；外墙一侧开设天井，使得地下层能够采光通风，地下停车场结合室外环境规划景观步道盘旋上行至场馆	—
新泽西自由科学中心	停车场采用太阳能遮阳棚，太阳能转化的电能可以为电动汽车充电	按停车许可类型划分员工车位、残疾人车位、电动车位、其他游客车位
纽约科学馆	地面停车，设校巴临时落客处	—
富兰克林研究院	地面停自行车，地下停机动车，停放数量有限，优先满足工作人员，部分游客停车需辗转相邻街区停车场	—
日本科学未来馆	地面停共享单车，地下停机动车，设大巴车、公交车临时下客点	地铁出口离场馆较远，但从出口至场馆沿路，从步道到指示牌均清晰地标明路径

1. 停车场的选址

停车场的选址有多种方案，主要归纳为地面停车、架空平台或利用高架桥下空间停车、地下停车以及借用场地其他区域、场地周边公共设施停车等。其中利用周边高架桥下空间停车，以及借用场地其他区域和场地周边公共设施停车都能在不大量增加建设预算的情况下缓解现有的停车状况或是作为解决高峰期停车的预案。佩洛特自然科学博物馆停车场设于场馆外高架桥下，与其他城市车辆共用；广东科学中心在节假日高峰期，展区前80000m²的前广场能够作为临时停车场使用；四川科技馆在车位不足时，会引导游客将车停至毗邻广场的地下停车场。

2. 停车场区域的划分

因尺寸、转弯半径的不同，大巴车与小汽车对车位尺寸及空间需求各异，需要对停车场进行合理的区域划分才能统筹、合理利用空间。停车场应分设大巴车与小汽车停车区，并在地面设置共享单车停放区。停车场还应区分员工与游客停车区，为残疾人提供临近场馆的无障碍车位并配备轮椅通道（图4-11）。笔者在美国各综合性科技馆调研时发现，由于社会对儿童安全的高度重视，学生搭乘的校车在部分场馆会于停车场中单独规划区域集中放置，如纽约科学馆为校车设置独立分区，以保证儿童上下车时的安全（图4-12）。

图4-11　沃斯堡科学与历史博物馆无障碍停车位　　　图4-12　纽约科学馆校车停放区

3. 停车场的科技与环保

随着科技的进步，大量新能源汽车投入使用，停车场的功能逐步复合化，从单一的车辆停放到车辆停放与车辆充电相结合。硅谷计算机历史博物馆引入特斯拉超级充电桩（图4-13），能快速为电动汽车充电。而四川科技馆则更进一步，在停车场专为电动共享汽车设置了停车充电区。停车场除了可以提供电能外，还能通过太阳能主动收集能源，为区域内停放的车辆充电。新泽西自由科学中心停车场的遮阳棚是由太阳能板组成，遮阳的同时能够利用构件中隐藏的电路设施收集、转化、储存太阳能（图4-14）。

图4-13　硅谷计算机历史博物馆　　　　图4-14　新泽西自由科学中心太阳能遮阳棚
　　　　特斯拉超级充电桩

（五）公共交通接驳的改进方案

从表4-3可以看出，公共交通与场地的接驳主要存在三方面的问题，分别是接驳衔接点的缺失、出站后前往科技馆的后续路线指示不明以及公共交通站点距离场馆较远。首先，接驳衔接点的缺失主要体现在上下客接驳点设置的缺失上。一方面，部分场馆并未考虑团队游客的上下客点，直接将停车场视为上下客区，但大量游客在停车场的集散势必对停车场交通造成影响，且有一定的安全隐患；另一方面，上下客点通常只考虑了大巴车与校车，并未考虑到日益普及的网约车等。俄勒冈科学与工业博物馆、纽约科学馆等专门为学生开辟了校车上下客点，且根据现有交通规定，儿童上下校车时，其后车辆必须停车，不得穿越，最大限度地保证了儿童的便利与安全（图4-15）。佩洛特自然科学博物馆则在入口附近为网约车设置了专用上下客点，且根据网约车公司不同分设两处上下客区并附以标志，方便游客与司机辨认。其次，公共交通搭乘结束后前往科技馆的指示不明是较为常见的问题，这一问题在接驳距离较长时更为凸显。日本科学未来馆在指路标识上的设计较为成功，值得借鉴。游客从最近的地铁站到日本科学未来馆需要步行5～10分钟，然而地铁到站后正对的建筑立面即挂有竖幅，标注了日本科学未来馆的走向以及徒步的时长（图4-16），沿途铺地与路牌均设有详细的指引与标注，清晰明了。此外，与公交接驳较远的问题在选址远离市区的场馆中较为明显，需要依靠场馆与政府共同协调解决。

图4-15　俄勒冈科学与工业博物馆
　　　　校车上下客点

图4-16　日本科学未来馆指路标识

第四节　瞬时最高游客容量问题

瞬时最高游客容量是综合性科技馆最为重要的限定数据之一。它的重要性首先体现在科技馆的人流安全方面，节假日高峰期人流量一旦过大，极有可能造成拥挤、踩踏等严重后果；其次，对游客容量的判断直接影响游客在科技馆中的参观品质，因此需要对人流限定做出审慎的判断。

一、瞬时最高游客容量现状

《标准》规定，瞬时最高游客容量的取值宜在0.2～0.25人/m²，即在人流达到最高峰时，游客人均占据的展厅面积为4～5m²。笔者根据调研数据以及《标准》取值范围，对5座中国具有代表性的综合性科技馆高峰期游客限流情况进行了整理，具体数据见表4-4。

表4-4　国内综合性科技馆高峰期游客限流情况

调研场馆	展厅面积/m²	《标准》建议瞬时最高人流量/人	实际高峰期限流人数/人
中国科技馆	40000	8000～10000	15000
广东科学中心	51000	10200～12750	7000
四川科技馆	25000	5000～6250	4800
上海科技馆	26800	5360～6700	13500
重庆科技馆	26300	5260～6575	5000

从表4-4可以看出，广东科学中心高峰期限流人数远低于《标准》建议值，四川科技馆、重庆科技馆实际限流人数均接近《标准》建议范围，而中国科技馆、上海科技馆限流人数远高于《标准》建议人数。5座场馆中，上海科技馆高峰期人均可使用面积最低，而笔者在上海科技馆的现场勘查中也常听到游客对展

厅拥挤（图4-17、4-18）、展项及设施排队时间过长、体验感较差等诸多不满，从而印证了调研数据。尽管广东科学中心、四川科技馆、重庆科技馆3座场馆限定人数在《标准》建议范围内或低于《标准》建议值，但上海科技馆高峰期存在的问题，这些场馆也有类似的情况出现。中国科技馆中也存在同样的情况。

图4-17　周末上海科技馆展厅的游客

图4-18　上海科技馆排队入馆的游客

二、瞬时最高游客容量的诊断分析

（一）现行标准与实际情况的差距

基于现状分析不难看出，处于《标准》建议的瞬时最高人流量范围内，甚至低于该系数范围，场馆的秩序都有可能无法保障。因此，《标准》中瞬时最高游客容量系数的计算方法值得探究。《标准》中将游客容量考虑为变值，因此，在高峰期与低谷期之间取值，将单位面积展厅年游客容量上限（60人/时·年）作为计算依据，根据《标准》的经验值，若场馆每年展出300天，假设每个游客平均参观半天，即可由等式（1）推算出单位面积展厅的瞬时游客容量约为0.1人/m²，而《标准》中考虑节假日游客量加倍，因此，在等式（1）的数值基础上乘以2，得出节假日高峰期游客容量应为0.2人/m²，同时，《标准》中考虑区域差异，因此，将值扩大至0.2～0.25人/m²。

$$单位面积展厅的瞬时游客容量 = 60 \div (300 \times 2) = 0.1 \ 人/m^2 \qquad (1)$$

事实上，节假日高峰期与普通工作日游客量在数值上并不是简单的加倍关系。以广东科学中心为例，笔者了解到2017年普通工作日游客量约为5000人/天，而寒暑假期间周末游客为12000～15000人/天，公众假日以及黄金周游客量为25000人/天。由此可见，节假日高峰期游客量并不止是普通工作日人数的一倍，因此根据实际情况，等式（2）中系数N为高峰期游客量与普通工作日游客数量的比值，应大于2，同样的情况在其他科技馆中也类似。

高峰期单位面积展厅瞬时游客容量$=(60 \times N) \div (300 \times 2)=0.2$ 人/m² （2）

（二）现行标准与同类标准的对比

综合性科技馆是科技类博物馆的一大分支，广义上来讲隶属于博物馆的范畴，因此，编撰较为成熟的《博物馆建筑设计规范》（JGJ 66—2015）对综合性科技馆建设具有一定的指导和借鉴意义，而《标准》中部分条文亦是与《博物馆建筑设计规范》（JGJ 66—2015）参数相近。《博物馆建筑设计规范》（JGJ 66—2015）解释条文以湖南省博物馆为例，测算出展厅内高峰期游客密度应限定为0.22人/m²，处于《标准》中建议的0.2～0.25人/m²范围内。然而，博物馆各展品以陈列柜和沿墙悬挂展示为主，占地面积较小，而科技馆多为互动式，展品以岛式布展居多，因此展品占用空间大于博物馆。同时博物馆游客常规的运动为来回踱步式参观，而科技馆游客观展时需要进行互动式操作，因此需要大量的活动空间（图4-19）。此外，科技馆内部分展品，如失重体验、高空自行车、划艇模拟赛等，需要一定的缓冲空间，以保证体验游客与围观游客的安全，所以展品本身对面积的需求也远超博物馆，因此展厅内可供游客活动的范围被大量压缩。由此可见，与博物馆测算的高峰期游客密度0.22人/m²相比，《标准》中建议科技馆展厅内高峰期游客密度限定为0.2～0.25人/m²的指标偏高。

图4-19　重庆科技馆展厅

三、判断标准的改进

由于各场馆所处区域实际情况有所差异，在瞬时最高游客容量的限定上不能一概而论，瞬时最高游客容量的判断标准仍有改进空间。《标准》对于瞬时最高游客容量的判断是基于展厅的疏散总宽度，即需要满足消防疏散的强制条款要求，并未从观展的舒适度以及展厅秩序维护的角度进行讨论。因此，笔者就瞬时最高游客容量的限定问题与广东科学中心的现场工作人员作了访谈。工作人员表示，展厅的接待能力不仅与游客的人数有关，还取决于游客的平均年龄。当游客以中小学团队参观为主时，展厅内追逐、嬉闹的活动随之增加，即使游客在3000人左右也难以保证良好有序的参观环境。随着游客平均年龄段的提高，在可控前提下的最高游客容量临界值亦在提升。当展厅内瞬时人流量接近5000人时，游客之间会频繁出现排队争执及摩擦；当瞬时人流量接近7000人时，展厅外需要用围栏进行人流疏导。广东科学中心在免票日试行期间曾出现过日参观游客突破10000人大关，亦是场馆单日可承载的极限。工作人员认为一般情况下，在馆瞬时人流量达5000人左右时，工作人员的接待能力、各展项的排队时间以及服务设施的承载能力即已趋向饱和。

在对富兰克林研究院的调研中，笔者就相同问题采访了现场工作人员。尽管运营管理层通过高峰期安全运营测算出的瞬时最高游客容量为1000人，但现场工作人员却普遍认为，当大部分的交通空间处于拥挤状态下即应判断为已达人数极限，而这一判断值远低于安全测算值。部分展教区工作人员认为，尚未达到交通拥挤状态，但现场的噪声已然干扰到工作人员正常讲解，也就是无法保证游客在良好的环境与秩序下进行参观时即应进行限流。

由此可见，瞬时最高游客容量的设定应在最大限度满足游客观展需求与保证游客观展安全之间取得平衡。随着人们生活品质、精神需求的提升，在瞬时游客人数上限值的判断中应加入对参观品质与场馆氛围的考虑，以提高游客观展的满意度。

第五节　售票区的设计问题

售票是除停车服务外科技馆为游客提供的第一个服务环节，由于游客取票后需要立刻进行安检、寄存、检票等一系列入馆程序，因此，售票区的设计直接影响游客入馆的通行效率。同时，售票区往往也是游客第一时间获取观展信息的场所，因此对售票区的设计需要进行多方面的考量。

一、售票区的设计现状

本章主要从售票区的设置、区位、功能和形式等方面对中国综合性科技馆售票厅进行了调研。

（一）售票方式

自2004年10月文化部（今文化和旅游部）等12部委颁布《关于公益性文化设施向未成年人免费开放的实施意见》开始，中国综合性科技馆逐步从收费向低价票或免费过渡。到2016年为止，绝大部分科协下属科技馆已实现免费运营。免费并不意味着免票。基于人流的统计与限制以及场馆安全问题，购票被取票环节替代，同时，大部分场馆仍保留付费的观影活动以及特展。因此，即便部分场馆能够免费入馆，其售票区仍然不可或缺。售票区的设置受上述免费政策以及信息化的影响发生了一定的变化。目前，售票处的设置主要有四种方式：以人工售票（取票）为主、人工与自助机取票并存、仅设自助机取票，以及不设售票处仅于安检处核对有效证件。

（二）售票区的选址

《标准》对售票区的位置并未做出规定，既可以设于馆内，亦可以设于馆外。游客入馆，首先需经历取票与安检环节。由于入馆时必须安检，因此，售票区设置于馆内或馆外也可以看作是取票与安检环节的先后问题。通常，游客于馆外取票将在入口处接受安检，检票处常一并设于入口安检处或展厅入口处；如为馆内售票，则游客需先通过安检进入场馆，至售票区取票，售票区常设于入口大厅内，而安检口则设于展区入口处。表4-5为笔者对10座中国综合性科技馆售票区设置区位及特点的总结。

表4-5　中国综合性科技馆售票区设置区位及特点

调研场馆	位置	具体位置	特点
黑龙江省科技馆	场馆外	场馆入口	设3条等候队列，1条人工售票，2条自助取票
山西省科技馆	场馆外	场馆入口旁，面向停车场通道	场馆入口外设一排自助取票机
天津科技馆	—	—	—
河北省科技馆	场馆外	紧贴入口的建筑外立面	人工售票
重庆科技馆	场馆内	场馆入口一侧	结合总服务台设置，人工售票
四川科技馆	场馆外	在广场一角	广场一角设置取票大厅，自助机取票
湖南省科技馆	场馆外	场馆入口旁	在入口一侧设票务厅，人工售票
雅安科技馆	场馆内	场馆入口一侧	结合总服务台设置，人工售票
广东科学中心	场馆内	场馆内服务区	设9个人工售票口，其中3个售票口供电影等其他展项使用，可用手机自助买票
香港科学馆	场馆内	场馆入口一侧	结合总服务台设置，人工售票

在所调研的10座国内科技馆中，除天津科技馆未设售票区外，有5座将售票区设置于场馆外。在这些案例中，售票处通常设于场馆入口旁，少数案例远离建筑主体，于广场一角或场馆入口处设置取票厅。将售票厅设于场馆入口旁的方案包括在建筑外侧开设售票口和脱离建筑主体成为建筑小品两种情况。

在设于场馆内的案例中，售票处通常设置于门厅内、服务区内、大厅内等区域或独立开辟售票厅。设于门厅内的案例通常就近于入口一侧设置，设于场馆大厅内的案例则大多结合总服务台设置。

（三）售票区的功能及形式

1. 售票区的功能

科技馆售票区以出售或换取场馆门票为主要功能。售票区通常附有科学电影及演出简介，因此需要兼顾出售或推广科学观影活动的服务功能。由于售票处是游客服务的前沿窗口，因此常有游客在取票过程中就观展问题进行咨询，所以除售票功能外，不少售票处设于室内的场馆将售票处与总服务台问询、服务处结合于一处布置，成为综合服务区。

除主要功能外，各场馆在使用过程中还延伸出多种设施设备对售票及排队区的功能加以完善（表4-6），如湖南省科技馆票务厅两侧设屏幕滚动显示各类电影时刻表（图4-20）。广东科学中心于售票厅内设置休息座位便于游客等候同伴购票（图4-21）。黑龙江省科技馆由于取票处设于场馆入口处，等候队列通常会排至城市人行道上，有商贩在等候队列旁摆摊出售纪念品，丰富了排队的趣味性。

表4-6　中国综合性科技馆售票区功能及形式特点

调研场馆	功能及形式特点	设计的优势及劣势
黑龙江省科技馆	由于取票处设于场馆入口处，等候队列通常会排至城市人行道上，有商贩在等候队列旁摆摊出售纪念品，丰富了排队的趣味性	自动取票为尽端式设计，游客取票后如不穿过栅栏从人工取票队伍中穿行就需要沿队伍折返，然后从自助取票队伍穿行回到出口
山西省科技馆	设于停车场与场馆入口之间，位置清晰明了	取票形式方便快捷，自助机前排队区无遮阳避雨设施
天津科技馆	取消售票，凭身份证入场	无拥堵，方便快捷
河北省科技馆	售票口无永久性遮阳避雨设施，设遮阳伞	售票区前设室外休息座位，休息座位设有遮阳伞
重庆科技馆	仅18～70岁游客需领票	—
四川科技馆	预约购票，排队取票在票务厅内完成	距离展区较远，不易发现，但取票人流对场馆不会造成拥堵
湖南省科技馆	票务厅两侧设屏幕滚动显示各类电影时刻表	—

调研场馆	功能及形式特点	设计的优势及劣势
雅安科技馆	排队与取票均在大厅一侧完成	在小规模展厅内并不拥挤
广东科学中心	售票窗口一侧设屏幕，滚动显示各类电影时刻表；售票窗口对面设有休息等候区	售票区面积、服务窗口数能够满足高峰期需求
香港科学馆	售票处为封闭窗口，咨询处为开敞式设计	—

图4-20　湖南省科技馆票务厅

图4-21　广东科学中心售票厅内休息座位

2. 售票处的形式

售票处的形式与其功能紧密相关。中国综合性科技馆的售票处设于场馆外或需承担售票功能时，常选择封闭式窗口的形式。封闭式窗口也是中国早期综合性科技馆售票处采用较多的形式，随着开放式大厅、综合服务理念的引进，再加上免费参观后售票处因无现金管理压力，所需的安全等级降低，越来越多的场馆在室内倾向于采用开放式服务台作为售票处的主要形式。

二、问题的诊断及改进

（一）售票方式

目前国内的科技馆以人工售票（取票）方式为主。笔者所调研的10座具有代表性的国内科技馆中，有7座科技馆仅设人工售票口。人工售票通常伴随着询问、证件检验、交接等环节，且客服人员亦需要轮替换岗，因此与自助机取票相比效率较低。同时，在大型场馆中为满足高峰期需求，需要设置一定数量的服务窗口，增加了人力成本。10座调研案例中也有场馆仅设置自助取票机，这一方面极大地提高了游客取票的效率，但另一方面，对于年龄较大不熟悉自助机操作或者无法进行文字识别、操作的游客而言并不方便。

笔者在调研中发现，现场工作人员对以自助机售票为主，同时保留少量人工窗口的形式评价较高，认为这样能够保证取票效率，同时也能为需要帮助的人士提供人工服务，黑龙江省科技馆即是典型代表。该馆设有1个人工及2个自助取票窗口。四川科技馆则更进一步，在引入自助取票机的同时，将线上预约与线下取票相结合（图4-22），从端头控制了人流数量以及换票节奏。此外，天津科技馆则直接凭有效证件入场，省去取票的环节，通过安检处测算在馆人数。这一方式也被同样免费参观的美国国家航空航天博物馆采用（图4-23）。

图4-22　四川科技馆取票厅

图4-23　美国国家航空航天博物馆仅设安检区

（二）售票区的选址

1. 馆内售票

将售票处设于场馆内的优点较为明显，能够为游客提供更舒适的室内排队环境，不受日晒雨淋困扰，同时能够通过售票区的设计提前营造参观氛围，引起游客的关注和兴趣；然而，将售票区设置于场馆内，对场馆本身的面积、空间尺度及场馆秩序等均有极高的要求。这一要求主要来自游客排队购票所需的等待空间以及取票后离场与馆内其他人流汇集所需的缓冲空间，当馆内售票厅无法满足正常所需空间时，游客之间拥挤、冲撞摩擦时有发生。由此可见，售票区的面积是否能满足日常游客排队所需，游客排队时对周边功能空间有无显著干扰，以及游客取票离开时与周边流线之间是否存在冲撞等安全隐患，是判断售票区是否适合设置于馆内的重要因素。

笔者对调研的14座国外综合性科技馆售票区设置区位及功能特点进行了总结，见表4-7。由表4-7可看出，国外综合性科技馆更倾向于将售票区设置于场馆内，14座国外科技馆中仅3座设置于场馆外。在售票区的设计上，国外主要采用两种方式缓解矛盾。首先，在条件允许的情况下设置独立售票区，以避免排队等候人流对其他功能空间的干扰。沃斯堡科学与历史博物馆（图4-24）以及查尔斯·海登天文馆设计的均是独立的售票区，功能较为明确。其次，在场馆面积不足或采用复合式大厅空间时，也常将售票区设于大厅内，以充分利用开放式大厅的共享空间，为售票区提供充裕、弹性的等候区域。佩洛特自然科学博物馆、富兰克林研究院、俄勒冈科学与工业博物馆（图4-25）等均是采用此类布置策略。

表4-7　国外综合性科技馆售票区设置区位及功能特点

调研场馆	位置	具体位置	设计的优势及劣势
佩洛特自然科学博物馆	场馆内	场馆大厅	将会员、非会员售票与礼宾部结合设置
沃斯堡科学与历史博物馆	场馆内	场馆售票厅	会员与非会员区分
旧金山探索馆	场馆内	场馆入口通道一侧	平行于入口廊道的一侧空间内设置售票服务台
圣何塞儿童探索博物馆	场馆内	结合场馆入口通道设置	沿入口通道设置售票服务台
硅谷计算机历史博物馆	场馆内	场馆入口一侧	结合总服务台设置，场馆内未设检票口
谢伯特太空及科学馆	场馆内	场馆入口一侧	平面布局呈扇形，由弧线从中间分为内外两个区域，内部负责协调管理，外部直接服务于游客

调研场馆	位置	具体位置	设计的优势及劣势
俄勒冈科学与工业博物馆	场馆内	场馆大厅	将游客划分为3～13岁、14～62岁以及63岁以上三个年龄层；结合会员制分类售票
加州科学中心	场馆外	场馆入口旁	单独设置网络预订与残疾人购票窗口；其他窗口则分非会员、会员以及团队购票
加州科学院	场馆外	场馆入口旁	售票窗口设于入口旁
查尔斯·海登天文馆	场馆内	场馆售票厅	共设19个窗口，将服务人群分为团队、会员以及非会员三类，每类服务窗口仅保留一个人工服务台，其他服务台均为电脑触屏自助服务
美国国家航空航天博物馆	—	—	免费参观，于场馆入口处直接设置安检设施
纽约科学馆	场馆内	场馆入口门厅	结合总服务台设置
富兰克林研究院	场馆内	场馆大厅	分会员与非会员服务区
日本科学未来馆	场馆外	场馆入口旁	售票处为独立建筑小品，设置于建筑入口处

图4-24　沃斯堡科学与历史博物馆售票厅

图4-25　俄勒冈科学与工业博物馆售票区

2. 馆外售票

将售票区设于场馆外有以下几个优点：首先是流程清晰明确，不少游客在临近场馆入口处便会下意识地寻找或问询售票信息，在售票区外置的场馆游客反而疑问较少，能够直奔售票处购票；其次，将售票区设于场馆外能够避免排队人流对场馆内部其他功能区域的干扰；同时，由于空间相对充裕，排队方式能够灵活选择。然而，将售票区设于场馆外亦存在几个问题，主要是游客等候时无法遮阳避雨，尤其在冬、夏两季，室外等候势必伴随严寒和酷暑。

针对遮阳避雨问题，河北省科技馆在场馆外售票窗口旁设置了临时遮阳伞，并结合场馆入口处的休息座位，为等候同伴购票的游客提供临时休憩场所（图4-26）。加州科学中心则更进一步，在售票处设悬挑的玻璃雨棚，游客排队区则改变材质，设遮阳棚，既能使售票处获得自然采光，又能为排队的游客遮阳避雨（图4-27）。

图4-26　河北省科技馆售票窗口　　　　图4-27　加州科学中心室外售票区雨棚

（三）排队方式

售票窗口、队列方向以及取票后人流走向之间的设置关系在很大程度上决定了所需空间的面积以及取票离场的秩序。合理地规划排队方式，有助于有效地利用售票区空间，提高人流通行效率。科技馆室内售票区的队列形式主要分为垂直式队列以及平行式队列两种。

1. 垂直式队列的问题

此种形式在国内科技馆中最为常见。笔者调研的10座科技馆均为垂直式队列。垂直式队列又以离场的方式不同而分为两类（图4-28）。一种是购票后原路返回，另一种则是购票后从售票口两侧离开。方式一多在中国早期科技馆中使用，由于来回方向相同，最符合游客的潜意识认知，更容易接受，由于设置简单，基本无需引导，适合在小型或人流量较少的场馆使用，如雅安科技馆便采用了这种方式，但排队与返回人流容易两相交叉，因此逐渐被其他方式取代。方式二是目前科技馆中使用频率最高的一类排队购票方式，队列与售票口垂直，购票后由售票口两侧离场，这种方式的优点是空间紧凑、流线顺畅，在售票口面宽一定的情况下能够组织更多的队列，且离场游客不会与排队游客混流。然而在大型场馆中，若队列较多，在客流高峰期，中间队列换票后准备离场的游客会与两侧队列去往售票口取票的游客交叉，且一旦离场通道设置较窄或有游客在通道中停留，单一的离场通道存在拥堵隐患。

<table>
<tr><td colspan="2">方式一</td></tr>
<tr><td>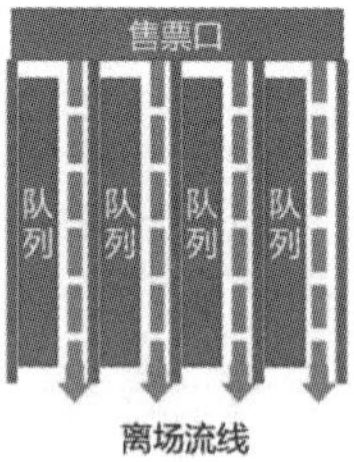
</td><td>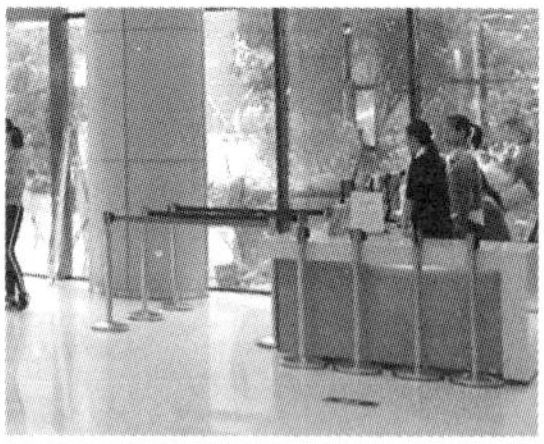</td></tr>
<tr><td>购票后原路返回</td><td>雅安科技馆</td></tr>
<tr><td colspan="2">方式二</td></tr>
<tr><td>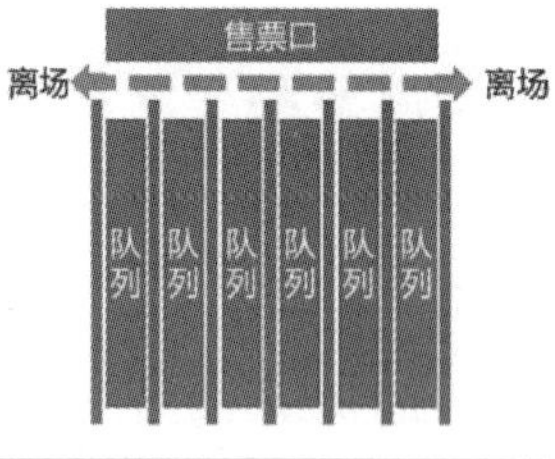
</td><td>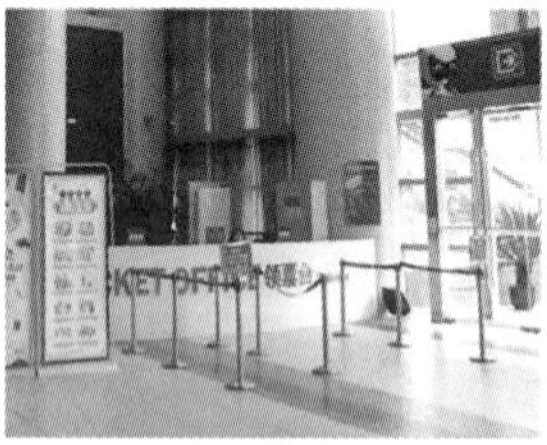</td></tr>
<tr><td>购票后从售票口两侧离开</td><td>重庆科技馆</td></tr>
</table>

图4-28　垂直式队列离场方式分析

2. 垂直式队列的改进

针对方式二存在的问题，在面积相对充裕的情况下，除了增加离场通道的宽度，还可通过在队列通道之间增设离场通道加以改善，即由售票口两侧及队列中间空道离开（图4-29）。这种方式结合了方式一的认知优势与方式二的流线优势，游客既可以从售票口两侧离场又能够从两条队列的中间空道疏散，从而极大地提高了疏散效率。广东科学中心即是采用这种多通道离场的布置模式，在12条售票队列间隙布置了7条疏散通道，再加上队列两端能够向两侧疏散，即使在高峰期仍能快速疏导人流。

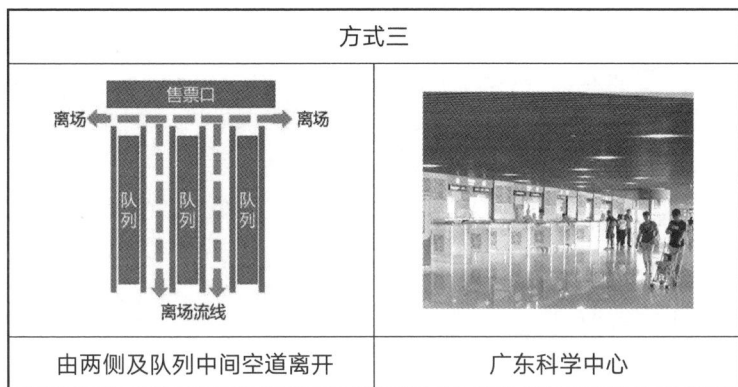

图4-29　垂直式队列分析

3. 其他队列形式

笔者调研的12座美国科技馆中，有8座采用了平行式队列模式。平行式队列即仅设一条购票等待队列，队列端头由多个窗口同时服务，取票后游客随即离场，不再折回（图4-30）。这一方式极大地压缩了垂直式队列所需的纵深空间，降低了对周边区域的影响，同时不会因为某一窗口的服务滞后导致队列服务的停滞。

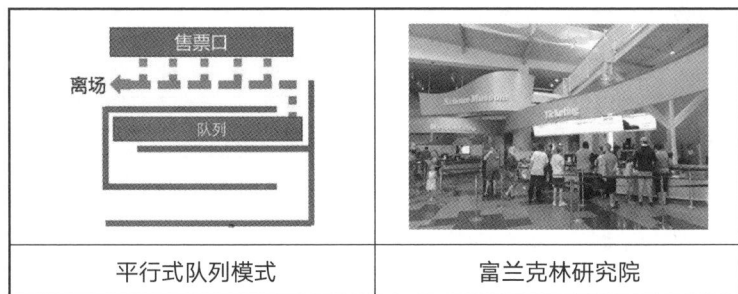

图4-30　平行式队列分析

（四）售票区的功能及形式

1. 售票区的功能发展与改进

根据前述调研可以看出，中国综合性科技馆售票区的主要功能为售票、取票，部分场馆将售票柜台与总服务台结合设置，并配置了等候座位、屏幕显示等设施设备，已能基本满足使用需求。然而笔者在对国外科技馆的调研中发现，售票区的设计有着多元化的发展和考量，主要体现在功能复合化、设计人性化以及商业化等方面（表4-8）。

表4-8　国外综合性科技馆售票区功能及形式特点

调研场馆	功能及形式特点	设计的优势及劣势
佩洛特自然科学博物馆	设于解构式大厅内，大厅采用暗色调，售票处以LED显示作为反衬	具有极强的解构主义风格
沃斯堡科学与历史博物馆	服务台设有一低矮窗口，服务儿童及残障人士	—
旧金山探索馆	入口廊道被划分为三条通道，外侧为会员通道，直接进入检票口；内侧通道是排队购票区，游客购票后从中间通道通行至检票区	三条与售票处平行的廊道将游客进行分类，并合理高效地使用了入口廊道空间
圣何塞儿童探索博物馆	游客只能排一条队列等候，游客聚集在最外侧的服务台，内侧服务台需要呼唤示意下一位游客	效率极低，容易拥堵
硅谷计算机历史博物馆	设于楼梯下方灰空间处，在售票台内设置展台，展示场馆文化衫，鼓励游客购买	充分利用楼梯下方灰空间
谢伯特太空及科学馆	设于圆柱形两层通高空间内，有天光采光	通高空间，较为开阔，人多排队时不觉得压抑
俄勒冈科学与工业博物馆	设于两层通高空间内，有天光采光	在展厅内排队购票，检票口距离售票处过近，高峰期有拥堵的情况
加州科学中心	售票处设玻璃雨棚，游客排队处为遮阳棚	既能使售票处采光，又能为游客排队处遮阳
加州科学院	售票处与入口均处于悬挑的屋顶下，屋顶采用太阳能光伏板，能够节能蓄电	垂直空间开阔，能够遮阳避雨，但距离入口过近且空间有限，往往大排长龙

调研场馆	功能及形式特点	设计的优势及劣势
查尔斯·海登天文馆	将团队、会员及非会员三类游客，分别以黄色方块、紫色圆形、橙色三角符号标记，地面分别由三色线条引导购票流线。每个服务台业务并非固定不变，服务台顶上设三色符号，亮灯的符号表示能够进行该类游客的服务	流线逻辑清晰，购票过程有趣，但中老年游客购票有一定困难，一方面是识别和理解困难，另一方面是自助点击刷卡服务较难操作，地面彩色线条能够清晰地进行指引
美国国家航空航天博物馆	—	—
纽约科学馆	设于圆柱形两层通高空间内，有天光采光，售票处设于二层廊道下方	售票处能避免炫光，排队游客身处通高空间能享受阳光，欣赏中庭上方装饰
富兰克林研究院	售票台下设展示台，放置广告宣传册推销临时付费展以及各类型电影	在综合性大厅内排队，高峰期拥堵
日本科学未来馆	铝板钢结构悬挑大屋顶，显得轻盈有科技感，售票处后方设有大面积水景，通过售票处与入口连接部分的灰空间进行渗透	售票窗口前无遮阳避雨设施

首先是功能复合化，即除集售票、咨询、服务等功能于一体外，售票柜台还可在内部进行分区，设置管理区，配备管理人员应对现场突发情况。谢伯特太空及科学馆售票服务台平面布局呈扇形，由弧线从中间分为内外两个区域，内部负责协调管理，外部除主要为游客提供票务服务外还设有一咨询处（图4-31）。在设计人性化方面，多个场馆（如佩洛特自然科学博物馆、沃斯堡科学与历史博物馆）均设有无障碍服务台，将服务台高度降至坐轮椅游客以及幼龄游客能够适应的尺度。由于大部分美国科技馆属于营利性机构，因此售票处除出售普通参观门票外，还会对收费特展、演出、纪念品等进行推销。富兰克林研究院的售票台下设展示台，放置广告宣传册推销临时付费展以及各类型电影；而硅谷计算机历史博物馆则在售票台内设置展台，展示场馆文化衫，鼓励游客购买。

图4-31　谢伯特太空及科学馆售票处

2. 售票区的形式发展与改进

除功能复合化、设计人性化外，售票区的形式也在不断地发展与改进中，以满足游客的审美需求与体验感。首先在色彩与图形方面，查尔斯·海登天文馆将团队、会员以及非会员三类游客，分别以黄色方块、紫色圆形、橙色三角符号标记，地面分别由三色线条引导购票流线。每个服务台业务并非固定不变，服务台顶上设三色符号，亮灯的符号表示能够进行该类游客的服务。设计中色彩与图形的应用使得流线更为清晰，增加了购票过程的趣味性。其次，售票区的设计还注重体现科技性，与科技馆的展示主题相契合。加州科学院的售票区的悬挑屋顶采用了太阳能光伏板，能够充分利用加州的日照优势节能蓄电，并呼应环保主题。当售票区设于室外时，还注重结合场地景观进行设计。如日本科学未来馆售票处后方设有大面积水景（图4-32），通过售票处与入口连接部分的灰空间进行渗透，使游客在排队等候时能够远眺欣赏景观。

图4-32　日本科学未来馆入口景观

第六节　各类服务与硬件协同问题

除硬件设施外，场馆提供的各类服务也是影响游客满意度的另一要素。广义上，综合性科技馆提供的服务既包括人工讲解、咨询等服务，也包括人工与各类硬件设施的协同作用，还包括帮助游客快速获取信息、尽快适应科技馆，从而合理使用科技馆的过程。

一、服务满意度调研

为了解游客对场馆各类服务的满意度，笔者就广义服务问题对游客进行了满意度调研。调研于2017年8—9月在广东科学中心及东莞科技馆内以半结构化问卷形式对在场游客展开。此次调研共发放问卷40份，回收38份，回收率为95.00%，所得有效问卷37份，有效率为97.37%，调研结果见表4-9。

表4-9　综合性科技馆服务满意度调研结果

问题	选项	小计	比例
您对场馆服务方面最不满意的地方有哪些？	讲解服务	32	86.49%
	游览路线设计	15	40.54%
	标识指引	22	59.46%
	无障碍设施	9	24.32%
	其他	1	2.70%

二、讲解服务因素

讲解服务所占比例最高，成为游客最为不满的服务因素。游客在访谈中主要反映三方面问题：没有讲解或讲解时段无法契合游览时间，讲解声音较小、听不清，讲解内容刻板。受工作人员人数限制，通常国内科技馆的现场讲解人员还需要兼顾展品操作及展厅秩序维护等工作，因此各科技馆倾向于在高峰时间进行集中讲解服务，无法契合每一位游客的参观时间。同时，由于各时间段需要听讲解的人流积压，导致每次讲解时游客过多。为了不干扰其他参观游客，讲解人员只能在有限的音量下进行讲解。美国各场馆除了科学表演外，其他讲解活动基本不以集中的形式呈现，取而代之的是在展厅通道旁、相关展项旁摆放小型互动式展台，由志愿者随时为感兴趣的游客进行讲解，并鼓励游客与志愿者互动讨论（图4-33、图4-34）。这一方式的好处颇为显著，可以总结为以下五点：（1）培训后的志愿者负责讲解能够分担工作人员的工作。（2）"随到随讲"的形式能够最大程度上契合不同游客的参观时间。（3）游客能够自由选择感兴趣的项目学习，避免在不感兴趣的展品周边滞留。（4）讲解员以提问、讨论的形式保证与游客的良好互动。（5）分散式讲解台与"随到随讲"形式相结合能够化解人流积压。

尽管这一讲解模式在美国诸多科技馆的实践中已趋于成熟并有良好的反馈，但是否适合中国国情，能否承载更大的参观人流尚待论证。

图4-33　加州科学中心分散式讲解

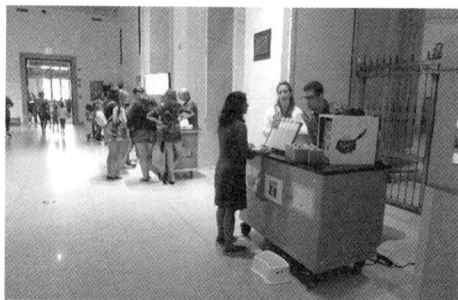

图4-34　富兰克林研究分散式讲解

三、标识因素

59.46%的游客对场馆的标识指引表示了不满，普遍认为场馆存在标识不清的缺点。科技馆展厅中辅助游客观展的标识主要分为四大类：导向、功能识别、释义、警示。笔者对广东科学中心的现场工作人员进行了针对标识问题的自由访谈，共有8位现场工作人员接受了访谈，其中3位为大厅总服务台的工作人员，访谈结果见表4-10。

表4-10　游客询问频率最高的问题的访谈结果

问题	类型	具体内容
游客询问频率最高的问题是什么?	展项相关	内容、位置、原理
	参观流线类	适合不同年龄段游客、不同参观时长的路线
	功能空间区位	餐厅、科学商店、影院
	辅助空间、设施设备的区位	展厅内休息区、厕所、充电插头、热水、行李寄存等位置
	交通方案	场地与公共交通接驳方式
	其他	能否多次进出

表4-10中总结的游客问询内容可以根据展厅标识系统的分类进行归纳,从而明确标识类服务需要改进的地方。由表4-11可知,游客的问题集中在导向性标识上。场馆现有的导向性标识无法令游客直接辨识知名展项的区位。餐厅、影院及科学商店较难定位的情况更为明显;而辅助空间区位方面,展厅内休息区、厕所、行李寄存较难辨识;设施设备区位方面,充电插头、热水供应点较难寻找。导向性标识的大小、内容、清晰度、位置、材质、特定环境下的显像程度等因素均影响了游客接受导向性标识的难易度。游客在访谈中提及是否在适当的节点上出现导向性标识是影响接收度的关键。尽管标识的设计要义在于简单明了,但现有的标识在内容上亦有待扩充。

表4-11　标识不清或易忽视的内容

标识类型	标识不清或易忽视的内容
导向	知名展项的区位
	主要功能空间区位:餐厅、影院、科学商店
	辅助空间区位:展厅内休息区、厕所、行李寄存
	设施设备区位:充电插头、热水供应点
	游览路线

标识类型	标识不清或易忽视的内容
功能识别	设施设备提示：充电插头、热水供应点
释义	展品的原理及操作
警示	多次往返出入口

四、游览路线因素

40.54%的受试者对游览路线不清晰表达了不满。访谈结果表明，游客对不同参观路线的需求可以归纳为主观因素与客观因素两个方面。主观因素源自个人兴趣、已有的认知深度、不同年龄层的偏好，而客观因素则是参观活动受时长、体力的限制。因此，游客一旦对路线进行询问，通常都会表现出较为明确的目的性和针对性。根据使用者的现场访谈和笔者的观察，笔者对游客游览路线的倾向性和参观特点进行了总结，并将所得结果与广东科学中心运营人员及华南理工大学建筑设计研究院有限公司的建筑师进行了讨论，探讨如何在设计中能够针对部分需求做出合理的调整，详细内容见表4-12。

表4-12　游览路线因素调研总结

诱因	分类要素	路线的倾向性和参观特点	建议方案
主观因素	个人兴趣	重点参观或直奔主题	保证入口处垂直交通的便利性，楼层标识中附上展厅信息
	认知深度	儿童及其家长：倾向于长时间停留在儿童展厅及其他互动性较强的展厅	进行儿童路线的规划及指引，主要串接儿童展厅及其他互动性较强的展厅
		其他游客：倾向于放弃儿童展厅	展厅入口处标注适合参观的年龄段
	不同年龄层偏好	儿童：参考认知深度一项	参考认知深度一项
		老人：倾向于养生类展厅	老人流线设计时串接养生展厅

诱因	分类要素	路线的倾向性和参观特点	建议方案
客观因素	参观时长	限时参观：重要、知名展项	在展厅入口处标识重要、知名展项的简图及展厅内定位
		不限时参观：考虑分类中的其他要素影响	参考其他项解决方案
	体力限制	低龄儿童：对婴儿车有一定程度的依赖	儿童展厅设于低层，并考虑充裕的婴儿车停放区域
		老人：时走时歇	老人流线合理穿插休息区域

五、无障碍设施因素

由于综合性科技馆主要服务人群为少年儿童，且随着社会老龄化的到来，越来越多的退休老人也加入参观的行列。基于科技馆服务人群的特殊性，无障碍设施更是需要审慎的设计。24.32%的使用者对无障碍设施表示了不满。游客表示，无障碍设施既包含无障碍的硬件设施，也包括了现场工作人员对无障碍设施的辅助服务。如部分老旧场馆的直梯，为便于工作人员的使用，常被设置开启权限，致使需要使用的游客不便使用，诸如此类为已有的无障碍设施设置权限而有碍使用的问题颇为常见。游客还提到，场馆无障碍设施的连贯性和匹配度也成问题。最典型的便是场馆为老人提供的轮椅常因为尺寸略大而无法顺利进入电梯。由此可见，科技馆的无障碍设计尚需要设计师与工作人员的共同合作、密切沟通，改善无障碍设施，真正发挥其效用。

第七节　布展问题

广义的布展涉及送展、设展和撤展三个阶段，是场馆运营的核心环节之一。科技馆的布展常由于展品尺寸过大、荷载较重，加之场馆功能设计不完善且空间尺寸未经严谨的考量，导致一系列的后续使用问题，主要体现在功能缺失、运输空间过窄、仓库面积不足和荷载安全等方面。研究布展问题，能够帮助建筑师从运营人员的角度审视设计的合理性，规避潜在问题，保证布展人员的后续使用。

一、功能缺失

布展流线的功能缺失主要体现在送展环节，部分场馆库前区未设置拆箱间与暂存库，只能直接由室外卸货平台将展品运送至展厅内存放。四川科技馆由于拆箱间的缺失只能在北侧室外平台上拆卸展品，展品的包装不得不堆积在场馆北侧的露天平台上，用遮雨布覆盖（图4-35）。部分电子产品为避免淋湿只能在展厅内拆卸包装，再由工作人员将包装运送回北侧平台。而暂存库的缺失也加重了工作人员的送展负担。各大城市通常只允许送展货车在夜间入城、清晨出城，以四川科技馆为例，送展货车22:00后才能进入城区卸货，如无充足的暂存库，工作人员卸货之余还需要连夜拆卸包装将展品送入展厅存放。工作人员反映，在场馆大型改造时，由于缺乏暂存库，只好限定展品必须在卸货平台处即到即拆，同一批次展品必须两日内完成安装，避免阻塞入场通道。

图4-35 四川科技馆展品包装堆积点

二、运输空间过窄

科技馆展品日趋多元化，但与博物馆展品相比，最突出的特点之一便是体量大，既有飞机、火车、汽车，也有1：1的巨型恐龙骨架等。因此，运输空间过窄往往成为困扰布展人员的问题，主要体现在货运通道过窄以及货运电梯的空间不足。货运通道包含了室外与室内两部分。四川科技馆的室外货运通道沿用场馆外围的平台通道，净宽约2.4m（图4-36），只能满足临时展厅的普通展品通过，在展品选择上颇受尺寸限制。当常设展厅需要布置较大型展品时，只能拆卸大门，以便展品通过。在2016年场馆改造时，为撤出一层展厅内的飞机，不得不将场馆一层及二层的墙体拆除，由吊车悬臂运出。

科技馆室内通道设计以人流疏散为核心判断指标，鲜有考虑大型展品的运送需求，所以可用空间有限。由于展品是根据展厅装修前尺寸进行设计，从而保证正常运送与合理展示。工作人员为保证在不拆卸门窗、墙面的情况下送入及撤出展品，不得不随时关注场馆通道净宽，并及时联系厂商，调整展品的尺寸。

图4-36　四川科技馆送展通道

除通道尺度外，展品运送还受货运电梯空间的影响。以四川科技馆为例，改造后，货运电梯轿厢内宽深为2.8m×3.2m，梯门宽高为2.4m×2.4m，无法满足中型以上展品运输的需求，工作人员只能通过楼梯以人力搬运。而部分易碎展品为减小运输体积，不得不提前拆卸防震包装。超大型展品出馆亦需强行物理切割后送出，难以再度利用。因此，在设计时，如有必要，应提前设想外立面拆卸方案，从而保证超大型展品的进出。

三、仓库面积不足

科技馆常设展项均是根据展厅主题定制，并无展品需要储存以便更替的需求。因此，理论上科技馆并不需要大面积的仓库储存展品。然而，笔者发现不少场馆仓库面积不足，需要占用地下停车场、楼道等空间堆放废弃展品与设备。广东科学中心的工作人员提出，由于科技馆展品申报废弃所用周期较长，因此馆内也需要充足的空间堆积展品。相似的情况也出现在了四川科技馆，该馆只能占用负一层停车场的部分空间堆积废弃展品（图4-37）。此外，四川科技馆为减少仓库面积不足带来的影响，在场馆改造之前，就不得不提前联系展品捐赠或进行报废流程，在彻底清空展区后方能动工，极大地增加了前期筹备时间。而随后在展厅装修时，对每一批运送的装饰材料也需要精心计算，以减少堆放便于施工。

图4-37　四川科技馆地下停车场内的临时堆场

四、荷载安全

荷载安全问题多出现在2000年以前兴建的老馆中，受早期科技馆展陈方式的影响，悬挂类展品较少。因此在结构设计时，悬挂类展品的重量并未计入上层楼板的荷载中。以四川科技馆为例，即便在2005年结构重新加固后，二层及以上楼面也只能承担300kg/m²的荷载。楼面荷载除需满足下一层展厅顶部悬挂展品及该层展品的重量外，还需要考虑因游客群体围观与聚集可能出现的荷载集中的情况。尽管布展人员采用了承重地台分散集中荷载，但部分展品的展示仍受荷载限制。如机械鱼展示（图4-38），机械鱼被放置于水池内游动，受展厅楼面荷载限制，展项的水深只能做到26cm，而鱼池需要保证30cm以上的深度，才能使机械鱼完成上浮和下潜运动，因此展示效果大打折扣。此外，工作人员为了使池水荷载均匀分摊也不得不增加展品的尺寸，将直径6.5m的水池置于直径8m的整体台面上，游客受托架影响，亦无法近距离观看展示。

图4-38　机械鱼展品水深受荷载所限

第八节　本章小结

本章在第三章评价研究的基础上提取若干突出问题，包括场地的设计和使用问题、瞬时最高游客容量问题、售票区的设计问题、各类服务和硬件协同问题、布展问题，根据现状加以诊断并提出改进方案。

在场地的设计和使用问题方面，笔者从展区功能的完善、活动类型的多样性、参观流线设计、停车场及公共交通接驳等方面对室外场地设计和使用问题进行了讨论，并提出了改进方案。

在瞬时最高游客容量问题方面，笔者通过科学馆统计数据、《科学技术馆建设标准》（建标101—2007）与同类建筑标准的对比，指出《科学技术馆建设标准》（建标101—2007）中瞬时最高游客容量计算方式的不合理之处。建议对瞬时最高游客容量的判断标准进行改进。

在售票区的设计问题方面，笔者就售票方式、选址、功能及形式等对售票区的设计现状进行了总结，并就使用问题进行了分析，提出了改进方案。

在各类服务与硬件协同问题方面，笔者就广义服务问题对游客进行了满意度调研，讲解服务是游客最为不满的服务因素。其后依次为标识指引、游览路线设计与无障碍服务，占比分别为59.46%、40.54%、24.32%。根据游客反馈的问题，研究提出改进方案。

在布展问题方面，笔者认为布展流程的设计应主要关注功能缺失、运输空间过窄、仓库面积不足、荷载安全四个方面的问题。

第五章

中国综合性科技馆建筑设计建议

综合性科技馆的建成环境使用后评价在对使用者的行为、心理进行观察分析的基础上发现使用问题、探讨设计方法并提出设计建议。系统的研究框架、充分的数据支撑以及案例佐证，保证了评价结论的科学性与合理性。前述章节的研究在评价目的、评价方法、研究重点以及受试对象上都各有侧重，形成不同角度、多个层次的评价体系。本章在此基础上，对前述各章节的结论加以归纳、提炼，并结合当今综合性科技馆的前沿发展趋势，提出具有实践价值的设计建议。

第一节　中国综合性科技馆建筑综合评价指标模型

第三章对中国综合性科技馆进行了整体满意度评价研究，重点关注综合性科技馆作为观展、游览场所的使用绩效；对综合性科技馆的核心空间进行了喜爱度评价，侧重探索以游客为主的不同使用人群在展厅内的感受和体验。以上工作从研究层级、关注重点上相互补充，能够较为系统、全面地反映使用人群对综合性科技馆建筑的整体使用感受。

满意度与喜爱度研究分别从不同层级和角度对综合性科技馆进行了讨论，因此在综合评价指标模型的拟定中需要权衡二者的重要性，且现有评价研究结论尚需提炼与修正，因此有必要对前述研究成果加以整合精炼。

由于综合评价模型的一级指标是在大量调研数据的基础上，结合层次分析法及方差贡献率进行命名得出，具有一定的科学性与严谨性。因此，研究保留综合性评价模型的一级指标，根据喜爱度评价的反馈意见对综合评价指标模型做出调整，调整原则如下：（1）根据喜爱度评价的反馈意见，修正对个别评价要素的表述。（2）根据喜爱度评价意见，淘汰使用者评价中权重较低的评价要素。

经过筛除，综合评价模型二级评价指标精简至23个评价因素。结合前述研究的原始数据，再次运用层次分析法计算评价模型的指标权重，计算结果见表5-1。

表5-1　中国综合性科技馆建筑综合评价指标体系

一级指标及权重	二级指标	权重	一级指标及权重	二级指标	权重
A 管理运营（0.2139）	A1 开放时间	0.0833	C 辅助空间及设施（0.0907）	C1 辅助空间设计	0.0664
	A2 安全管理	0.1932		C2 配套设施	0.0740
	A3 服务安检	0.7235		C3 卫生间的设计	0.2779
B 功能及硬件（0.3875）	B1 外观造型	0.0316		C4 无障碍设施	0.3792
	B2 面积尺度	0.0254	D 体验因素（0.2637）	D1 物理环境	0.1246
	B3 空间变化	0.1019		D2 导向性和标识性	0.0683
	B4 交通流线	0.0777		D3 展厅的视听感受	0.2449
	B5 展品的维护	0.2214		D4 展品的互动性	0.4556
	B6 影院设施	0.0605		D5 停车区的设计	0.0453
	B7 实验室设施	0.0649	E 社会影响（0.0442）	E1 社会交往	0.7500
	B8 休息区座位	0.2918		E2 促进科学发展	0.2500
	B9 大厅空间	0.1248			

第二节　设计建议文献研究

设计建议在中国城市与建筑设计领域主要以设计导则的形式存在，既包含强制性条文也包括了建议性条文。文献显示，中国设计导则的制订主要集中于城市设计范畴，从各城市至区县均有不同层级的导则指引设计，部分历史文化街区亦有针对风貌保护与更新设计管控的导则。随着建筑设计类导则研究成果的积累，中国陆续出台了与居住区环境景观设计、绿色建筑被动式设计、老年人居住建筑设计等相关的导则，将导则作为控制、指导设计的重要途径。

现有针对综合性科技馆的建筑类设计建议，仅有2007年发布的《科学技术馆建设标准》（建标 101—2007）。作为中国科技馆类建筑的第一本规范性标准，《标准》制定时尚处于摸索阶段，且编撰受到当时国内既存科技馆设计水平的限制。至2023年，《标准》的判定已超过10年，其间并未更新。随着科技的进步、经济的发展、展陈理念的更新，《标准》在诸多方面已无法满足现代科技馆的需求，迫切需要对原有标准中滞后的部分进行讨论和更正。所以本章设计建议的提出，以《标准》的部分框架、条文作为蓝本，在此基础上进行扩充、更正。

第三节　关于设计建议的几点说明

一、标题的拟定

由于设计导则的拟定需要综合特定条件下的经济基础、社会背景、人文意识形态等多方面要素，因此涉及范围较为宏观。本章的研究仅限于提出"设计建议"。

二、设计建议的时效性

综合性科技馆建筑设计建议基于一定的时代背景与科技背景，因此具有时效性，社会经济的发展、科技的进步会不同程度地影响该建议的适用性。本次设计建议是在对中国若干新建或新近改造更新的（主要指2000年以后）综合性科技馆建成环境实勘调研的基础上提出。其中，研究主体的行为表现了当代游客的生理及心理需求，而研究客体的物质环境在一定程度上反映了当下中国的社会经济基础与科技发展。所以，本次设计建议的时效性受研究背景、研究主客体、研究方式等因素影响，有一定的适用时效性。随着科技的更新、时代的进步，设计建议也应随之发展、更新。

三、设计建议的前瞻性

为延续设计建议的时效性，同时为综合性科技馆的设计提出多元性、先进性的参考，潜在的发展趋势应被纳入设计建议考虑因素之中。根据前述文献研究、访谈以及对17座国外代表性场馆的调研，可以将综合性科技馆的若干重要发展方向归纳为政策趋势、社会趋势以及设计趋势。其中，政策趋势主要涉及场馆的免费开放政策、商业化政策；社会趋势主要是游客老龄化趋势以及综合性科技馆正在承担起日益重要的社会教育责任；而设计趋势则主要是场馆风格的多元化与高科技化。

四、设计建议的可操作性

首先，设计建议是在对综合性科技馆建成环境调研实勘的基础上提出的。选择中国各地区具有代表性的18座场馆作为调研对象，场馆级别覆盖国家级至地市级，因此研究对象具有一定的典型性。其次，由于评价综合了游客、现场工作人员、管理运营人员、建筑师等的意见，因此具有多角度、全面性的特点。与此同时，研究将调研与理论文献研究、图纸分析等研究方式合理的结合，以保证设计建议的结论不影响综合性科技馆设计理论与实践的多元化与开放性。以上三点在一定程度上保证了设计建议的可操作性。

五、设计建议的局限性

虽然设计建议的提出是在文献研究与实证剖析的基础上，经多种方式数据分析、论证得出，但限于展陈内容、经营理念、布展手法的多元化与复杂性，加之调研精力有限，无法对差异性个案完整覆盖，致使设计建议在深度和广度上都存在一定局限性，只能在现有的深度和广度范围内提供具有参考性的设计建议。

第四节　中国综合性科技馆建筑设计建议

一、总则

为满足综合性科技馆使用者的基本需求，提升建筑设计品质，使综合性科技馆建筑设计顺应社会进步与科技发展，笔者在使用后评价的基础上提出设计建议。设计建议包括了以下几点：（1）以契合使用者的总体满意度与使用倾向性为主要目标。（2）为员工的工作、服务提供充裕的空间及完备的硬件设施协同，提升场馆的吸引力。（3）为游客观展营造良好的氛围，同时保证游客参观中的一系列活动的便利性和舒适度。（4）充分考虑游客在科技馆中的社会交往需求，即对以团队、家庭等不同组合方式参观的游客，考虑其在参观中所扮演的社会角色及对应的需求。（5）充分考虑游客在科技馆中身处不同的家庭、社会角色所对应的人际互动需求。（6）与科技馆前沿发展趋势相符，使科技馆建筑体现科技性及先进性。

二、总平面布局的建议

（一）总平面布局方式

综合性科技馆总平面布局方式反映了建筑与基地周边环境的关系。尽管建筑布局需因地制宜、不拘于定式，但是建筑在布局时受朝向、地形、周边道路环境等因素的影响，有必须遵循的设计原则。总体而言，科技馆总平面布局方式可以分为集中式、分散式和复合式。

1. 集中式

集中式布局是将展教区域、公共空间、业务用房等集中于一个建筑布置，具有布局紧凑、节约用地、空间联系密切、利于突出整体形象等优点。采用集中式布局应注意内部功能分区及动静分区，以避免不同功能区域间相互干扰及流线交叉；应充分利用公共区域创造具有设计感的代表性空间。

2. 分散式

分散式布局是各功能以若干建筑单体组合而成，其设计功能分区明确，以院落的形式组织各单体，创造丰富的庭院层次和院落景观。分散式布局在设计中应合理分设、共用廊道、流线，密切联系各功能区域，控制功能区域之间的步行距离。

3. 复合式

复合式布局是集中式与分散式布局相结合的形式，能够在布局紧凑、节约用地的同时结合庭院布置，创造丰富的室外空间，兼具集中式与分散式的优势，且能满足分期建设的需求。复合式布局需注意各功能区域在总平面中的划分与联系。

(二) 规范条文的改进建议

《标准》第二十六条中提到，科技馆的总体布局中科技馆宜独立建造。然而，为丰富社会文化生活，打造城市名片，中国各大城市逐步兴起集中建设公共文化建筑群的趋势，如长沙滨江文化园中规划的三馆一厅（包括了长沙博物馆、长沙规划展示馆、长沙图书馆、长沙音乐厅，图5-1）、广州花城广场（包括了广州图书馆、广东省博物馆、广州大剧院、广州塔等公共建筑）等的规划。各公共建筑在规划组合中，打破界限与壁垒，成为开放式共享空间。因此，《标准》第二十六条可考虑修改为："科技馆建筑宜独立建造，而当与其他类型建筑合建时，科技馆应自成一区。"

图5-1　长沙市三馆一厅鸟瞰图

三、平面布局的建议

（一）基本布局模式

对于综合性科技馆而言，大厅与展厅是最重要的功能空间，前者解决各类服务、集散、交通流线等问题，后者承担场馆最为核心的观展功能，其他空间与设施主要作为大厅与展厅功能的辅助。因此，综合性科技馆平面布局的关键是大厅与展厅间的布局关系。可以将平面布局的模式总结为以下几类。

1. 大厅式

利用开放式大厅空间整体进行展示或将大厅空间的局部区域划分作为展示空间。大厅式布局优势较为明显，能够灵活利用大空间布展，空间利用率高，在小型科技馆的设计选型中极具优势。采用大厅式布局需要注意各主题展厅之间、展厅与其他附属功能之间的区域划分，以避免互相干扰。同时，如在大厅式布局中采用开放式空间，物理环境品质将受到一定的影响，主要体现在噪声干扰、空调温度难以一致及能耗的损失方面。

2. 串联式

各展厅之间以串接的形式组织交通流线，强调展厅之间的密切联系。串联式布局由于各展厅与其他公共空间之间并不发生主要的交通联系，因而通常形成单一流线，具有交通清晰、导向性强的特点。然而，串联式布局的灵活性相对较低，设计时应考虑游客选择性参观的可能性，加强流线中其他功能辅助空间与设施设备的设置。

3. 放射式

各展厅通过核心空间呈放射式发散排布。各展厅与公共大厅密切联系，而各展厅之间相对独立，并不形成连贯的参观流线。游客认为每个展厅参观完后需要返回公共区域，无法连贯参观场馆是这一类型布局最大的问题。然而，工作人员则认为放射式展馆之间相互独立，且每个展馆与中心公共空间相联系，便于管理。

4. 混合式

展厅通过核心空间呈放射式发散排布，各展厅与公共大厅密切联系，且相邻展厅之间相互联系，形成连贯的参观流线。混合式布局科技馆在喜爱度评价中优势明显，这与混合式布局中各空间定义清晰，各展厅之间以及各展厅与大厅之间交通衔接紧密有关。

（二）具体建议

1. 理解综合性科技馆的功能逻辑，即综合性科技馆主要由展览教育空间（展厅、报告厅、影像厅、活动室等）、公众服务空间（大厅、休息厅、售票厅、问讯处、餐饮、商店、卫生间、医务室、广播室等）、业务研究空间（设计室、制作维修间、资料室、库房等）以及管理保障空间（办公室、会议室、值班室及各类设备用房等）组成。

2. 建筑平面布局模式的选择，尤其是大厅与展厅的空间关系，很大程度上决定了建筑的使用绩效。设计师应综合科技馆的规模、展陈特点、布展理念等因素，与管理运营人员、现场工作人员充分沟通，根据实际需求选择平面布局模式，并灵活地根据各类模式特点对平面布局进行调整。

3. 平面布局应结合现有地形、规划要求、周边环境、道路交通、风向等要素做出综合性比较，合理利用既有条件最大程度地发挥用地的环境优势。

4. 科技馆建筑布局的合理性判断是以设计是否充分利用场地资源，是否得到良好的物理环境，以及是否形成具有发展潜力的展教空间作为标准。

5. 建筑的布局应有合理的概念以及贯彻始终的逻辑作为设计支撑，通过设计概念的表达凸显建筑的特点，通过设计理念、逻辑的贯彻保证场馆的秩序性与品质。

6. 综合性科技馆的空间应具有吸引力，能够体现前沿性与科技性，在轻松、舒适的氛围中激发游客的好奇心，鼓励互动式学习行为。

（三）规范条文改进建议

《标准》第二十九条中提及，科技馆建筑设计需适应展品更换频繁的特点，即平面布局应考虑展厅频繁更换展品的需求，为展品运输提供便利。而事实上，科技馆常设展厅展品更换周期通常在5～8年，而临时展厅展品的更换周期则为3～4个月。由于科技馆常设展品与展厅在主题、风格上联系密切，所以展品更换时展厅乃至整个场馆会临时关闭，从展品到内部装修都进行整体改造。因此与其他功能相比，展品运输的便利性反而是次要需求。

四、关于使用者

(一)代谢特点

研究通过ASHRAE标准中代谢率的测试方法,结合热舒适标准(ISO 7730—2005)中代谢率量化方式对综合性科技馆中不同年龄段游客的代谢率进行测算。计算得出少年组、青年组及中老年组游客的平均代谢率分别为2.21met(SD = 0.54)、2.05met(SD = 0.45)、1.67met(SD = 0.40)。由此可见,综合性科技馆中各组游客代谢率明显高于其他公共建筑内人群的活动(如办公室内等)。同时,游客随着年龄段的增加,运动代谢也有所降低。

因此,与其他公共建筑的设计理念相比,科技馆内休息区的设置更应以人性化、舒适性作为首位考虑因素。游客的高体能消耗、疲惫感也需要在充分饮水、舒适的休息座椅等功能和设施的帮助下进行恢复。

(二)参观目的及需求

不同年龄段游客的活动特点与参观规律差异较大,对于场馆的需求以及使用方式也有较大差别。差别主要源自参观目的、爱好、体力和生活习惯。这些差别导致游客参观时长与参与方式的不同,对工作人员的服务、设施设备以及各类型辅助空间的需求也不同。表5-2对不同年龄段游客的参观需求进行了总结。

表5-2 不同年龄段游客的参观需求总结

游客的年龄层	在场馆内的行为目的及特点	对场馆的需求
老年人	目的:自行参观或陪同小孩参观;团队参观包括社区、妇联集体活动等; 特点:步行时长十分有限,依赖休息区;无目的性参观为主,关注养生展品;互动性需求低,需要讲解;较少使用垂直交通,游览速度慢	到展厅内自己休息或照顾小孩休息;希望躺卧放松身体;习惯性依赖人工指引;指示牌需要较大字体,较难辨认部分标识;希望参观养生主题馆;借用轮椅;需要正餐、热水
中年人	多为陪同小孩参观,需要考虑小孩的休息节奏;不希望环境拥挤,从而对小孩安全造成隐患	需要正餐、热水、无线网络;会使用广播寻找小孩

游客的年龄层	在场馆内的行为目的及特点	对场馆的需求
青年人	亲子游、学习、看电影、约会	需要推荐有针对性的游览路线；需要无线网络、手机充电设施，行李寄存，婴儿车，雨具借存，部分需要使用婴儿车
少年	团队参观或家庭参观；学习为主，兼顾玩耍的趣味性；在休息区嬉闹追逐，或是长时间坐在休息区内专注手机游戏	需要充足的空间便于嬉闹走动，需要失物招领、广播寻人、无线网络、手机充电、各展馆位置询问等服务
幼儿	以玩耍为主要目的，在场馆内嬉闹追逐，无秩序性；容易受到拥挤人群或设施碰撞伤害	需要安全提示及约束、广播找人、儿童游乐展示区询问等服务；幼龄儿童需要母婴室

通过表5-2可以将不同年龄段游客的参观需求归纳为以下几点。

1. 幼儿和少年

幼儿和少年是参观科技馆的主要人群。幼儿多在周末由家人陪同参观，他们对于展品的互动性需求极强，对色彩明艳的展厅及展项有着明显的偏爱。幼儿和少年的参观以玩乐为主，趣味性需求占主导，而对于展品的科学原理领悟有限。幼儿的好动、注意力容易转移等特点在参观中显露无遗，常在展区和公共区域嬉闹追逐，缺乏秩序性，致使展品损耗严重，也对其他游客的参观造成一定的干扰。工作人员对这类低龄游客的协助，通常集中在广播寻人及反复进行安全提示上。综合性科技馆在设计中应充分考虑幼儿和少年的参观特点，减少他们对其他年龄段游客的干扰。

2. 青少年

青少年的参观旨在趣味性学习，参观通常由学校组织或由家人陪同。他们对展区及展品的需求集中在互动性及体验性，通过亲身的感受促进自身对科学原理的学习。青少年相较于幼儿自制力增强，在展厅内大多遵守秩序，而在公共休息区活动趋于动静两个极端——追逐嬉闹或是静坐于休息区长时间沉迷于手机游戏。青少年通常会就失物招领、广播找人、展项位置等问题求助工作人员，同时表现出对无线网络的需求与依赖。

3. 青年人和中年人

青年人和中年人前往科学中心的主要目的通常为陪同小孩参观，以周末亲子游的形式居多，在陪同小孩游玩、学习的间隙了解科学知识。部分青年人群还会选择前往科技馆观影、约会。在参观过程中，他们需要工作人员推荐有针对性的游览路线，并对部分较复杂的互动展品进行操作指引。此外，他们对建筑配套设施的需求更为多元化，如无线网络、手机充电、婴儿车借用、行李寄存等。中年人还对饮用热水、享用正餐有迫切的需求。

4. 老年人

随着社会老龄化的到来，越来越多的退休老人会定期前往科技馆参观。他们的参观无目的性，多被视为日常休闲活动。除陪同小孩前往外，还有很多是为了参与社区或社团组织的集体活动。他们关注养生主题，积极主动参与体检类体验，对展品的互动性需求低，同时需要较大的解说字体配合人工讲解。受步行时长和距离所限，老人们较依赖休息区，较少使用垂直交通工具进行不同楼层间的转移，且游览速度较慢。除热水、正餐、休息区的需求外，他们对指引标识的辨认存在一定的困难，有时需要借用场馆内的轮椅辅助参观活动。

由此可以看出，人性化设计与多元化的功能配置对不同年龄段游客观展过程的重要性。

五、场地设计建议

本节从室外展区、停车场及公共交通接驳等多方面对场地设计和使用问题进行了讨论，并提出改进方案。

（一）室外展区

1. 室外展区的内容主要覆盖科学技术、自然生态及地域文化三大部分。

2. 室外展项的设计应从满足普适性进阶为满足不同年龄段游客的需求。具体而言，可以通过在户外展项主题、操作的复杂程度、运动量、设备尺寸等方面做出调整来满足不同年龄段游客的需求。

3. 与室外展区、展项相关的设施设备的配置应做全面考虑，如附设洗手间、家长等候座位、物品暂存柜等。

4. 教育功能是室外展区设计中容易被忽视的一个环节，常以室外讲堂的形式布置露天阶梯式展教空间。

5. 可通过后勤、屋顶、下沉空间等各闲置空间的开发利用为室外展区的教育区提供空间。

6. 除展示与教育功能外，室外展区还应具备一定的休闲观景功能。可通过场地景观设计，结合室外餐饮及休息区打造观景休闲区。

7. 应丰富室外展区的活动类型，除观展、聆听外可针对不同年龄段游客的活动特点，适当增加建造、挖掘、远望、攀爬、种植、拍照留念等多样化的活动类型。

8. 以各类标识、地图等形式使游客充分了解室外展区的内容和使用方式，并从中选取适合自己的展示和活动。

9. 室外展区的参观流线，可以从题材、活动类型、游客年龄段、参观时长等方面进行多元化设计。

（二）停车场

1. 当地面停车无法满足需求时，停车场还可以根据场地条件利用架空平台和高架桥下方空间、借用场地周边公共设施以及设置地下停车等方式缓解车位不足的压力。

2. 停车场应根据车辆类型的不同进行分区设置，如将大巴车与小汽车分区停放，将员工停车与游客停车做出区分，并考虑照顾弱势群体的便利与安全，将残疾人停车位与校车上下客处临近场馆入口设置。

3. 停车场的设计可考虑体现科技性，除将车辆停放与充电相结合外，还可以考虑在停车棚的设计中加入太阳能主动收集装置，收集、转化、储存、输出太阳能，并将其科学原理进行部分展示说明。

（三）公共交通接驳

1. 公共交通与场地的接驳需要解决接驳衔接点的缺失、出站后前往科技馆的后续路线指示不明以及公共交通站点距离场馆较远等问题。

2. 场地内应增设大巴车、校车及网约车的落客点。

3. 应加强公共交通出站后前往科技馆的后续路线指示标识。

4. 与公交接驳较远的问题在选址远离市区的场馆中较为明显，需要依靠场馆与政府协调解决。

六、主要空间的设计建议

（一）展厅

展厅的通过方式大致可以归纳为口袋式、穿过式和混合式三种类型，具体特点如下。

1. 口袋式

将展厅主要出入口集中设置于展厅的一侧，主要出入口之间距离较近，便于现场工作人员统一管理，同时，能够有效控制高峰期在馆人数。采用口袋式布局需要加强参观流线的引导，避免自由、无序的参观方式降低场馆的秩序性。在出入口处合理组织人流，以免出入人流混淆，发生冲撞，产生安全隐患。

2. 穿过式

将展厅主要出入口分别设于展厅平面轴线的两端。穿过式展厅受到使用者较为广泛的好评。穿过式展厅导向性明显，不会出现参观路线迂回、辨识不清的情况。在布局时，应尽可能多的将展品串接在主要流线上，避免游客参观时遗漏部分展品。

3. 混合式

将主出入口设置于展厅对角线两端，能够形成最长的指向性参观流线，充分利用展厅的各区域布展。采用混合式通过模式的展厅应合理规划参观路线，避免游客失去方向感。

展厅在平面形状选型时应关注异形空间转角与交接等处的使用方式，提高空间布展利用率。

（二）科学表演舞台

将科学表演舞台设置于展厅通道一侧的形式受到游客的普遍认可，其优点是游客能够将观演活动穿插在观展过程中。在展厅内设置舞台时，需要注意解决演员更衣、化妆、道具收纳等空间的设置问题。

当科学表演舞台结合休息区布置时，需兼顾两者的辅助空间和设施设备的配置。

在面积局促的情况下，可考虑利用大厅与中庭等公共空间进行表演。当在公共通高空间内设表演场地时，可在上层通高空间设置面向中庭的廊道，使在楼层参观的游客能够通过中庭观看表演，降低人群聚集拥挤的可能性。

考虑到科学表演以及表演特效设施等对舞台净空高度、宽度及进深有特殊要求，需要从舞台空间尺度上满足特效表演和安装特效设备的需求。

科学表演因涉及物理、化学表演，有一定的危险性，因此表演区域对防火有极高的要求，应考虑在舞台周边设置防火分区，在舞台与观众席之间铺设防火毛毡，保证与观众席的安全距离，并设置栏杆等隔离设施，避免儿童靠近。

（三）瞬时最高游客容量

1. 指标计算方式

本章将《标准》中瞬时最高游客容量计算方式总结为以下等式，其中系数N为高峰期游客量与普通工作日游客量的比值，《标准》中认定为2，远低于调研中各馆实际比值，应根据各馆实际情况加以调整。

高峰期单位面积展厅瞬时游客容量=$(60 \times N) \div (300 \times 2) = 0.2$ 人/m²

2. 判断方式的调整

瞬时最高游客容量达到极限的判断标准除按绝对数值判断以外，尚可按照下述标准，帮助判断场馆是否已达到瞬时最高游客容量极限：（1）将主要游客的年龄段作为参考标准之一，当场馆以低龄游客为主要参观群体时，由于场馆秩序性降低，瞬时最高游客容量也应下降。（2）场馆内大部分的交通空间已处于拥挤状态。（3）现场噪声已干扰到工作人员正常讲解。

（四）综合大厅

1. 幼儿与少年对综合大厅的需求主要体现在失物招领、广播寻人、儿童展厅路线问询等方面。

2. 成年游客中，青年与中年游客的需求主要体现在无线网络、手机充电、游览路线的问询、行李寄存、婴儿车和雨具借存、广播寻找小孩等方面。而老年人对大厅指引标志识别能力较差，习惯于依赖工作人员指引。

3. 游客经由检票、安检入馆后除需适应大厅环境外，部分行李较多的游客常需寻找行李寄存处存放多余行李。

4. 尽管大部分场馆均设有婴儿车与轮椅借存处，但有需求的使用者基本都自备，向场馆借取概率较低，同时馆内婴儿车的使用比例远高于轮椅。

5. 广播室、医务室及投诉接待室三类公众服务空间中，广播室使用频率较高。大部分游客使用公众服务空间前都会先咨询总服务台，因此，总服务台的位置应明显易寻，而公众服务空间则并无易寻的迫切需求。

6. 门厅内的辅助空间，如休息区（等候区）、饮水处、卫生间等，仅在开闭馆以及午休时段使用频率较高。

7. 在门外取票，入馆时安检、检票比先安检后取票的流程更为明确，但入馆花费时间较长。

8. 如果大厅内标识清晰、场馆设计符合使用经验，则游客能较快地进入角色开始参观。如游客暂时无法辨认环境，则大多会前往问询处问询。

9. 团队与散客宜分设入口，周末入馆高峰期时可考虑将团队入口兼做散客入口使用，以提高入馆效率。

10. 综合大厅入口处应增设雨具寄存处。

11. 各类型标识中以顶部指引和功能标志最为显著，但其指引方位性、延续性较差。与顶部指示相比，地面指示导向性更为明确，且具有一定延续性。与辨认标识相比，年长的游客更依赖于工作人员指引，而儿童则喜欢识别电子地图。

12. 寄存、咨询等功能区域应与安检口保持一定距离，以免两方或多方人流聚集加剧拥堵情况。而各功能区域设计时也最好有充足的缓冲空间，便于高峰期时疏散人流。

13. 理想的综合大厅空间应为开敞空间，且在空间和氛围上具有震撼性，并突出科技主题。

14. 科技馆综合大厅可以考虑加设网络支付系统、ATM机、自动寻车系统及停车自助缴费系统，提升便利性。

15. 综合大厅还可以就承办夏令营、露营、会议发布等功能进行拓展。

16. 科技馆综合大厅宜增设人工安检通道、判定应对极端气候的策略。

（五）休息区域

1. 在休息区内需要提供无线网络和充足的空间。

2. 在休息区内需要设置手机充电设施、提供婴儿车和母婴室、供应热水，并改善休息座椅的舒适度。

3. 大部分场馆休息区的座位数量无法满足《科学技术馆建设标准》（建标101—2007）的建议标准，与周末、节假日的游客需求也有一定的差距。

4. 休息区内应适当增加座位。

5. 休息座位材质应具备"柔软""不要太凉""便于清洁"的特质，并宜设置椅背。

6. 休息区内应设置相应的数字时钟以及各展厅演出时刻的滚动提示，便于游客查看。

7. 休息区可考虑提供观看科学表演、阅读相关科技书籍以及欣赏绿化景观等功能。

8. 科技馆内各年龄段游客的平均代谢率明显高于其他公共建筑内人群的活动（如办公室等）。因此与其他公共建筑的设计理念相比，科技馆内休息区的设置更应以人性化、舒适性作为首要考虑因素。

（六）售票区

本节就售票方式、选址、功能及形式四个方面对售票区的设计现状进行了总结，并提出以下改进方案。

1. 以自助机售票为主能够提高取票效率，同时应保留少量人工窗口，必要时提供服务。

2. 免费参观的场馆可以考虑直接凭有效证件入场，省去取票的环节，并通过安检处测算、控制在馆人数。

3. 售票区的面积是否能满足日常游客排队所需，是判断售票区是否适合设置于馆内的重要因素。

4. 在场馆条件允许的情况下，应设置独立售票区，以避免排队人流对其他游客的干扰。

5. 在场馆面积不足或采用复合式大厅空间时，可考虑将售票区设于大厅内，充分利用大厅的共享空间。

6. 将售票处设于馆外时应设置遮蔽设施供游客遮阳避雨。

7. 在与售票口垂直式排队的队列中设置空道，结合售票处两侧的疏散口，能够提高售票区购票人流的疏散效率。

8. 采用与售票口平行的排队模式，能够压缩队列所需的纵深空间，降低对周边功能区域的影响。

9. 售票处的功能可进行复合型延伸，除结合咨询、服务等功能外还可设置展台进行商业推广与贩售。

10. 售票处应设无障碍窗口。

11. 售票区的设计可利用色彩与图形引导游客，采用节能构件呼应环保主题，引入场地景观营造环境。

（七）服务与硬件协同的建议

1. 改进工作人员讲解服务模式，增加小型互动式展台，由志愿者采取"随到随讲"的形式为感兴趣的游客讲解，并鼓励游客与志愿者互动讨论。

2. 在交通节点、重要功能区域增加导向性标识，并根据游客的接受程度调整标识的大小、内容、清晰度、位置与材质。

3. 建议增加人工智能导览，从认知深度、不同年龄段偏好、参观时长、体力限制等方面对游览路线提出具体建议。

七、辅助空间及设施设备的设计建议

（一）辅助空间

1.《标准》第十五条的条文解释中提到，可在穹幕电影厅内架设天象仪，使其兼具天象厅的功能。《标准》中提及的穹幕电影厅与天象厅统称为球幕影院（也称穹幕影院），均是双曲面屏幕通过对视点包围进而由屏幕影像营造出接近真实效果的观影厅，是一种沉浸式感官体验。《标准》并未对穹幕电影厅做进一步的解释，但穹幕电影厅通常泛指半球平面与水平面夹角为30°或90°的球幕影院。天象厅与之原理、外形相似，但半球平面与水平面夹角通常为0°或15°。

基于调研信息，《标准》第十五条穹幕电影厅与天象厅共用空间的建议并不具备可行性。北京天文馆的工作人员指出，倾斜角越大的球幕越偏重于主观感受，更适合于镜头移动剧烈的主观视角，如倾斜角90°的飞行视角球幕；而倾斜角越小的球幕，越偏重于环境营造类的被动感受，适合低速漫游类型场景，如倾斜角0°的天象厅。二者之间视觉效果与观影感受截然不同。因此，《标准》第十五条穹幕电影厅通过架设天象仪的方式兼具天象厅的功能并不成立。

2. 科技馆应根据场馆条件与管理的可行性，考虑增设食物外卖收取处。

3. 科技馆可依据场馆硬件条件，考虑增设吸烟室。

4. 科技馆淘汰、替换的展项的报废需要逐级申报，报废周期普遍较长，而科技馆展品通常集中性更换，因此展品库房需要充裕的空间堆放旧仪器。

（二）设施设备

1. 场馆应有应对极端气候的措施，如空气雾霾严重时应在门厅处做半封闭式处理或设置缓冲区域，辅以空气净化设备进行处理。加州山火期间，受雾霾影响，谢伯特太空及科学馆启用紧急出入口（图5-2），设置缓冲通道用门帘阻隔尘埃，利用空气净化器对缓冲通道空气进行处理，并将室外儿童活动区由室外移至室内（图5-3）。

图5-2 谢伯特太空及科学馆科学馆紧急出入口　图5-3 谢伯特太空及科学馆室内儿童活动区

2. 行李寄存空间在数量上需要根据实际使用情况适当增加；在位置上，可以考虑在各展厅内外分设；而超过尺寸的行李箱仍旧需要提供人工寄存服务。

3. 场馆内无障碍设施不应设置使用权限，从而造成游客的使用障碍。

4. 应注意无障碍设施的连贯性和匹配度。

5. 在各展厅增设婴儿车停放空间，以避免阻碍人流。

6. 增加场馆内无线网络的覆盖面及网速，满足游客聚集峰值时的IP接口需求。

7. 根据场馆实际情况考虑增设ATM机、（冷、热）饮水机、手机充电插口、公用电话等设施配备。

8. 考虑在场馆出口处增设自动寻车及停车缴费系统。

9. 根据设施、设备的科技性，考虑将设施设备运作原理外置展示的可能性。

10. 由于科技馆内大型互动型电子展品通常有附设的电路设备，应避免设备的外露，设置警示标志或在设备间门口设置门禁设施，并配置监控系统，避免儿童的意外触碰。

八、物理环境的设计建议

（一）噪声

1. 综合性科技馆应从平面布局上对展厅与办公区、展厅与教室以及儿童展厅与成人展厅的区位布置进行调整，以降低噪声干扰，具体建议如下：（1）展厅与办公区。大中型科技馆常采用展区与办公区相互独立建造的模式。这种模式能完全阻隔两个区域间的相互干扰。当用地面积受限时，可采用同层分区设置，借助内墙隔声，并需要采取其他构造处理对振动干扰进行隔绝。（2）展厅与教室。展厅与教室的位置关系主要有两种，一种是教室独立于展厅集中设置，另一种是将教室设于展厅的隔声房间内。前者更利于隔声、便于统一管理，而后者就近设置增加了游客的参与度。（3）儿童展厅与成人展厅。噪声与游客行为密切相关。各展厅中，由于儿童活动最为活跃频繁，儿童展厅噪声问题最严重。因此在布局时，儿童展厅应与成人展厅进行适当分隔，例如将儿童展厅布置于低层，与其他展厅有一定间隔距离，降低对其他展厅的噪声干扰。

2. 通过展品设计控制建筑设备的运行噪声与展教设备的工作噪声，或是选用低噪声的设备。

3. 结合室内装饰降低展厅内的噪声干扰，展厅顶部可以使用吸声吊顶，墙面可以采用金属穿孔吸声板，而楼地面则可选用地毯，以降低游客走动的撞击声。

4. 部分弧形展厅局部存在声聚焦现象，加重了噪声干扰，需要进行审慎的声学计算，以缓解噪声干扰情况。

（二）采光

1. 国内综合性科技馆普遍具有人工照明照度偏低、亮度不够的问题。需要根据规范提高采光照明水平，同时，人工照明也需要改进显色指数普遍偏低、光色偏冷的问题。

2. 当科技馆采用复合公共空间，各功能区域呈开放式布置时，各功能空间的照明可选用相同照度，以避免游客视觉产生明暗感。

3. 建筑立面不应为追求造型的通透感与科技感而过度使用玻璃幕墙，从而导致展厅内产生大面积眩光。

九、细部设计建议

与其他地面材质相比，游客普遍更偏爱织物地面。场馆内铺设地毯能够提升舒适度，缓解游客参观中的站立与步行疲劳；能够降低儿童来回跑跳的振动和噪声，增加舒适感，同时使幼儿摔倒时不易受伤。

就休息区座椅的材质而言，皮质座椅受到绝大多数游客的欢迎。在座椅的形式上，带靠背的座椅更受偏爱，便于游客小憩。

休息区座椅应结合桌子设置，以便游客放置饮料、食物等。

设计师可以通过设置台阶踏步、抬高踢脚翻沿、凸出扩宽扶手栏板等方式为游客提供临时靠坐的位置。

第五节　本章小结

本章从建筑师的角度，对前述各章节的研究成果做出归纳，在此基础上做了以下工作：（1）提出中国综合性科技馆建筑综合性指标集。（2）提出中国综合性科技馆建筑的设计建议。（3）就《科学技术馆建设标准》（建标 101—2007）的部分条文提出修改建议。

参考文献

[1] 温新红. 中国式科技馆："众馆一面"怎么破[N]. 中国科学报，2016-5-13（8）.

[2] 任福君，李朝晖. 中国科普基础设施发展报告（2012-2013）[R]. 北京：社会科学文献出版社，2013：17-20.

[3] 中国自然科学博物馆协会. 中国科普场馆年鉴[M]. 北京：中国科学技术出版社，2014.

[4] 任福君. 中国科普基础设施发展报告（2011）[M]. 北京：社会科学文献出版社，2012.

[5] 胡学增. 综合性科技馆内容策划与设计[M]. 上海：上海科学技术文献出版社，2005.

[6] 程东红. 中国现代科技馆体系研究[M]. 北京：中国科学技术出版社，2014.

[7] 李士. 科学中心与科普教育基地建设与发展研究[M]. 合肥：中国科学技术大学出版社，2011.

[8] 《建筑创作》杂志社. 黑龙江省科技馆工程设计[M]. 济南：山东科学技术出版社，2005.

[9] 毛小涵. 上海科技馆建设[M]. 北京：中国建筑工业出版社，2003.

[10] 张明. 广东科学中心建设与管理研究——建筑篇[M]. 北京：科学出版社，2008.

[11] 王雪松. 当代科技馆建筑形式设计研究[D]. 哈尔滨：哈尔滨工业大学，2017.

[12] 王炜航. 现代科技馆建筑空间互动性设计研究[D]. 广州：华南理工大学，2018.

[13] 张鹏举. 分解、正交、嵌埋——恩格贝沙漠科学馆的设计策略[J]. 建筑学报，2012（10）：60-61.

[14] 谭京. 山水之间——浅谈重庆科技馆的设计创作[J]. 重庆建筑，2007（6）：9-11.

[15] 王扬，李春生，陆超，等. 基于参数化设计的文化建筑综合体表皮设计研究——以烟台科技馆表皮设计为例[J]. 南方建筑，2013（3）：54-56.

[16] 盘育丹. 岭南地域性文化建筑设计策略初探——以佛山青少年宫和科技馆为例[J]. 室内设计与装修，2019（8）：134-135.

[17] 马志武，曹阳，邱路. 为城市设计建筑——江西省科技馆设计方案体会[J]. 华中建筑，1999（1）：80-83.

[18] 张景芳. 谈山西省科技馆建筑设计[J]. 山西建筑，2014，40（36）：9-10.

[19] 曹森，张建涛，陈先志. "界面—腔体"作为能量核心的被动式超低能耗建筑设计实践——以五方科技馆为例[J]. 中外建筑，2019（1）：159-162.

[20] FORGAN S. Building the museum: Knowledge, conflict, and the power of place [J]. Isis: An international review devoted to the history of science and its cultural influences, 2005, 96(4): 572-585.

[21] WINEMAN J D, PEPONIS J. Constructing spatial meaning: Spatial affordances in museum design [J]. Environment and Behavior, 2010, 42(1): 86-109.

[22] CONE C A, KENDALL K. Space, time, and family interaction: Visitor behavior at the Science Museum of Minnesota [J]. Curator: The Museum Journal, 1978, 21(3): 245-258.

[23] BURGE S, HEDGE A, WILSON S, et al. Sick building syndrome: A study of 4373 office workers [J]. Annals of Occupational Hygiene, 1987, 31(4a): 493-504.

[24] KIM J, SCHIAVON S, BRAGER G. Personal comfort models – A new paradigm in thermal comfort for occupant-centric environmental control [J]. Building and Environment, 2018, 132: 114-124.

[25] 常怀生. 建筑环境心理学[M]. 北京：中国建筑工业出版社，1990.

[26] 杨公侠. 视觉与视觉环境[M]. 上海：同济大学出版社，2002.

[27] 庄惟敏，张维，梁思思. 建筑策划与后评估[M]. 北京：中国建筑工业出版社，2018.

[28] 常怀生. 环境心理学与室内设计[M]. 北京：中国建筑工业出版社，2000.

[29] 徐磊青，杨公侠. 环境心理学：环境、知觉和行为[M]. 上海：同济大学出版社，2002.

[30] 林玉莲，胡正凡. 环境心理学. 2版[M]. 北京：中国建筑工业出版社，2006.

[31] 吴硕贤. 建筑学的重要研究方向——使用后评价[J]. 南方建筑，2009（1）：4-7.

[32] 郭昊栩，吴硕贤. 对建成环境的舒适性层次评价分析[J]. 南方建筑，2009（5）：33-35.

[33] 庄惟敏. 建筑策划导论[M]. 北京：中国水利水电出版社，2000.

[34] 朱小雷. 建成环境主观评价方法研究[M]. 南京：东南大学出版社，2005.

[35] 朱小雷，吴硕贤. 建成环境主观评价方法理论研究导论[J]. 华南理工大学学报（自然科学版），2007（S1）：195-198.

[36] 中国科学技术协会. 科学技术馆建设标准：建标101—2007 [S]. 北京：中国计划出版社，2007.

[37] 陈向荣. 我国新建综合性剧场使用后评价及设计模式研究[D]. 广州：华南理工大学，2013.

[38] 郭昊栩. 岭南高校教学建筑使用后评价及设计模式研究[D]. 广州：华南理工大学，2009.

[39] CANTER D. The purposive evaluation of places: A facet approach [J]. Environment and Behavior, 1983, 15(6): 659-698.

[40] FRANCK K A, AHRENTZEN S. New households, new housing [M]. New York: Van Nostrand Reinhold, 1989.

[41] 徐磊青，杨公侠. 上海居住环境评价研究[J]. 同济大学学报（自然科学版），1996（5）：546-551.

[42] 尹朝晖. 珠三角地区基本居住单元使用后评价及空间设计模式研究[D]. 广州：华南理工大学，2006.

[43] 周元俊. 大型铁路客站广场的使用后评价（POE）研究[D]. 成都：西南交通大学，2013.

[44] 陈晓唐. 建筑师使用后评价方法及在博物馆的实践[D]. 广州：华南理工大学，2016.

[45] 毕德全，王飞. 基于克龙巴赫系数的大学生创业能力影响因素分析[J]. 安徽农业科学，2013，41（29）：11928-11932.

［46］朴春花. 层次分析的研究与应用[D]. 北京：华北电力大学，2008.

［47］CRITES S L, FABRIGAR L R, PETTY R E. Measuring the affective and cognitive properties of attitudes: Conceptual and methodological issues [J]. Personality and Social Psychology Bulletin, 1994, 20(6): 619-634.

［48］杨春草. 慎用"必买"：独断式广告对广告喜爱度和购买意愿的影响[D]. 杭州：浙江大学，2018.

［49］ZEMACK-RUGAR Y, MOORE S G, FITZSIMONS G J. Just do it! Why committed consumers react negatively to assertive ads [J]. Journal of Consumer Psychology, 2017, 27(3): 287-301.

［50］徐磊青. 广场的空间认知与满意度研究[J]. 同济大学学报（自然科学版），2006（2）：181-185.

［51］谢秀丽. 基于视障人士的广州花城广场景观使用后评价及改善建议[D]. 广州：华南理工大学，2015.

［52］孟涛. 科技馆表演类科学教育活动的研究[D]. 武汉：华中科技大学，2016.

［53］李道增. 环境行为学概论[M]. 北京：清华大学出版社，1999.

［54］扬·盖尔. 交往与空间[M]. 北京：中国建筑工业出版社，2002.

［55］芦原义信. 外部空间设计[M]. 尹培桐，译. 北京：中国建筑工业出版社，1985.

［56］NASAR J L. Urban design aesthetics: The evaluative qualities of building exteriors [J]. Environment and Behavior, 1994, 26(3): 377-401.

［57］TIAN Z, LOVE J A. A field study of occupant thermal comfort and thermal environments with radiant slab cooling [J]. Building and Environment, 2008, 43(10): 1658-1670.

［58］HE Y, LI N, PENG J, et al. Field study on adaptive comfort in air conditioned dormitories of university with hot-humid climate in summer [J]. Energy & Buildings, 2016, 119: 1-12.

［59］YANG L, YAN H, LAM J C. Thermal comfort and building energy consumption implications – A review [J]. Applied Energy, 2014, 115:164-173.

［60］杨吕娜. 诊断性评价研究的发展[J]. 中国考试，2018（9）：22-30.

［61］中华人民共和国住房和城乡建设部标准定额研究所. 博物馆建筑设计规范：JGJ 66—2015 [S]. 北京：中国建筑工业出版社，2016.

［62］SCHILLER G E. A comparison of measured and predicted comfort in office buildings [J]. ASHRAE Transactions, 1990, 96(1): 609-622.

［63］刘世昕.《国务院关于加强节能工作的决定》发布[J]. 中国建设信息供热制冷，2006（10）：7.

［64］HOYT T, ARENS E, ZHANG H. Extending air temperature setpoints: Simulated energy savings and design considerations for new and retrofit buildings [J]. Building and Environment, 2015, 88: 89-96.

［65］LIPCZYNSKA A, SCHIAVON S, GRAHAM L T. Thermal comfort and self-reported productivity in an office with ceiling fans in the tropics [J]. Building and Environment, 2018, 135: 202-212.

［66］HE Y, WANG X, LI N, et al. Heating chair assisted by leg-warmer: A potential way to achieve better thermal comfort and greater energy conservation in winter [J]. Energy & Buildings, 2018, 158: 1106-1116.

［67］吴硕贤，李劲鹏，霍云. 居住区生活与环境质量综合评价[J]. 华南理工大学学报（自然科学版），2000（5）：7-12.

［68］朱小雷. 作为科学化设计研究范式的建成环境主观评价[J]. 四川建筑科学研究，2008，34（6）：207-210.

［69］庄惟敏. SD法与建筑空间环境评价[J]. 清华大学学报（自然科学版），1996（4）：42-47.

［70］郑健，沈中伟，蔡申夫. 中国当代铁路客站设计理论探索[M]. 北京：人民交通出版社，2009.

［71］崔叙，沈中伟，张雪原，等. 新型铁路客站规划后评价研究——我国新型铁路客站规划后评价的实证分析与解读[J]. 南方建筑，2017（1）：91-94.

［72］陈建华，吴硕贤. 珠江三角洲地区休憩广场建成环境的构成（英文）[J]. 华南理工大学学报（自然科学版），2007（S1）：243-246.

［73］陈晓唐. 殷墟博物馆的建筑师POE[J]. 新建筑，2016（6）：118-123.

［74］张必武. 高铁骑跨式站型适用条件研究[J]. 交通科技，2015（3）：138-140.

[75] 中华人民共和国住房及城乡建设部. 绿色建筑评价标准：GB/T 50378—2014 [S]. 北京：中国建筑工业出版社，2014.

[76] 刘彤. 人员密集型的大型公共建筑卫生间设计研究[D]. 广州：华南理工大学，2013.

[77] 彭一刚. 建筑空间组合论[M]. 北京：中国建筑工业出版社，1983.

[78] 宋宇莹. 数字球幕科普电影的镜头语言与叙事策略分析[J]. 科普研究，2019，14（6）:91-96.

[79] 陈建华. 珠江三角洲地区休憩广场环境及人群行为模式研究[M]. 北京：中国建筑工业出版社，2011.

[80] 张玉明，周长亮，王洪书，等. 环境行为与人体工程学[M]. 北京：中国电力出版社，2011.

[81] 何小欣. 当代博物馆的复合化设计策略研究[D]. 广州：华南理工大学，2011.

[82] 黄翼. 广州地区高校校园规划使用后评价及设计要素研究[D]. 广州：华南理工大学，2014.

[83] 王旭光. 基于综合效率评价的大型医院门诊楼的设计策略研究[D]. 重庆：重庆大学，2013.

[84] 王任重. 综合性医院住院环境使用后评价研究[D]. 广州：华南理工大学，2012.

[85] 白雪. 基于城市设计视角的体验式购物中心使用后评价研究[D]. 西安：西安建筑科技大学，2011.

[86] 方圆. 循证设计理论及其在中国医疗建筑领域应用初探[D]. 天津：天津大学，2013.

[87] 谢岱彬. 使用后评价（POE）在住院环境优化中的改进与应用[D]. 广州：华南理工大学，2011.

[88] 邵素丽. 西安休闲性城市广场空间使用后评价（POE）研究[D]. 西安：西安建筑科技大学，2011.

[89] 朱益飞. 基于使用后评价的浙江大学月牙楼中庭空间改造策略研究[D]. 杭州：浙江大学，2015.

[90] 邱峰. 高校体育馆使用后评价研究[D]. 长沙：湖南大学，2013.

［91］杨颖. 基于使用状况研究的大型铁路客站候车空间设计策略[D]. 成都：西南交通大学，2013.

［92］孟庆金. 现代博物馆功能演变研究[D]. 大连：大连理工大学，2011.

［93］于富业. 关于中国生态博物馆的初步研究——以贵州生态博物馆群和浙江安吉生态博物馆群为例[D]. 南京：南京艺术学院，2014.

［94］胡晓娟. 旧城老街区改造中的异托邦空间——以北京市东城区东晓市片区改造为例[D]. 北京：北京交通大学，2014.

［95］韩静，胡绍学. 温故而知新——使用后评价（POE）方法简介[J]. 建筑学报，2006（1）：80-82.

［96］张男. 遗址博物馆建筑研究——"区外"模式遗址博物馆建筑设计初探[D]. 天津：天津大学，2004.

［97］钱晶. 当代美术馆观众博物馆体验的研究——以上海当代艺术博物馆为例[D]. 上海：上海师范大学，2014.

［98］李志成. 博物馆公共空间使用后评价[D]. 北京：北方工业大学，2014.

［99］苏实，庄惟敏. 试论建筑策划空间预测与评价方法——建筑使用后评价（POE）的前馈[J]. 新建筑，2011（3）：107-109.

［100］PATI D, PATI S. Methodological issues in conducting post-occupancy evaluations to support design decisions [J]. Health Environments Research & Design Journal, 2013, 6(3): 157-163.

［101］赵东汉. 使用后评价POE在国外的发展特点及在中国的适用性研究[J]. 北京大学学报（自然科学版），2007（6）：797-802.

［102］吴晓敏，车震宇，倪金卫. 城镇新景观建设及使用需求状况调查研究——以云南弥勒县城为例[J]. 建筑学报，2009（S1）：17-21.

［103］朱小雷，吕萍. 广州经济适用房卫生间使用后评价及设计研究[J]. 南方建筑，2013（3）：77-81.

［104］张颀，安春晓，聂云，等. 天津大学建筑馆改造用后满意度研究[J]. 建筑学报，2006（1）：83-85.

［105］潘守永，尹凯. 博物馆研究的"五观"——国际博物馆学百年发展的学术思考[J]. 中国博物馆，2014（2）：7-16.

[106] 甄朔南. 什么是新博物馆学[J]. 中国博物馆，2001（1）：25-28.

[107] 哈莉·普瑞斯基尔，李慧君. 博物馆评估无界限——提高博物馆评估相关性、可靠性和实用性的四条必要措施[J]. 中国博物馆，2013（2）：77-81.

[108] 田芳，杨磊. POE实践运用与探索——以昆明理工大学建筑楼为例[J]. 华中建筑，2015，33（5）：44-48.

[109] 芮光晔，李睿. 城市工业遗产改造使用后评价——以广州红专厂创意产业园区为例[J]. 南方建筑，2015（2）：118-123.

[110] 王澍，贾方. 宁波博物馆[J]. 中国建筑装饰装修，2011（1）：140-145.

[111] 周玫. 博物馆视觉环境与观众视觉疲劳[J]. 东南文化，1988（1）：114-118.

[112] 安德里·奥恩希尔特. 新博物馆学[J]. 中国博物馆，1993（4）：89-90.

[113] 弗朗斯·斯考滕，许杰. 心理学与展览设计简述[J]. 中国博物馆，1988（1）：85-87.

[114] 米哈里·斯科金特米哈里伊，金·赫曼森，辛得. 博物馆学习的内在动机——什么因素规定着观众要学习什么？[J]. 中国博物馆，1997（2）：89-95.

[115] 白文源. 基于教育的研究——以天津博物馆为例谈博物馆学研究体系的构建[J]. 中国博物馆，2010（4）：14-16.

[116] 单霁翔. 关于建立科学的博物馆评价体系的思考[J]. 中国博物馆，2013（2）：23-28.

[117] 吴中平. 珍藏或分享——公共建筑公共性的困境与机遇[J]. 南方建筑，2009（3）：25-32.

[118] 张男，崔恺. 殷墟博物馆[J]. 建筑学报，2007（1）：34-39.

[119] 彼得·卒姆托. 思考建筑[M]. 张宇，译. 北京：中国建筑工业出版社，2010.

[120] 亚历山大 C. 建筑的永恒之道[M]. 赵冰，译. 北京：知识产权出版社，2002.

[121] 李志民，王琰. 建筑空间环境与行为[M]. 武汉：华中科技大学出版社，2009.

[122] 鲁道夫·阿恩海姆. 建筑形式的视觉动力[M]. 宁海林，译. 北京：中国建筑

工业出版社，2006.

[123] 沈克宁. 建筑现象学[M]. 北京：中国建筑工业出版社，2008.

[124] 勒·柯布西耶. 模度[M]. 张春彦，邵雪梅，译. 北京：中国建筑工业出版社，2011.

[125] 徐磊青. 人体工程学与环境行为学[M]. 北京：中国建筑工业出版社，2006.

[126] 俞国良，王青兰，杨治良. 环境心理学[M]. 北京：人民教育出版社，2000.

[127] 汪原. 边缘空间——当代建筑学与哲学话语[M]. 北京：中国建筑工业出版社，2010.

[128] 隈研吾. 负建筑[M]. 济南：山东人民出版社，2008.

[129] 彭一刚. 中国古典园林分析[M]. 北京：中国建筑工业出版社，1986.

[130] 罗伯特·文丘里. 建筑的复杂性与矛盾性[M]. 周卜颐，译. 北京：中国建筑工业出版社，1991.

[131] 程大锦. 建筑：形式、空间和秩序[M]. 刘丛红，译. 天津：天津大学出版社，2005.

[132] 布鲁诺·赛维. 建筑空间论——如何品评建筑[M]. 张似赞，译. 北京：中国建筑工业出版社，1985.

[133] 布鲁诺·赛维. 现代建筑语言[M]. 席云平，王虹，译. 北京：中国建筑工业出版社，1986.

[134] 查尔斯·詹克斯. 后现代建筑语言[M]. 李大夏，译. 北京：中国建筑工业出版社，1986.

[135] WILLIAMS A J, WYATT K M, HURST A J, et al. A systematic review of associations between the primary school-built environment and childhood overweight and obesity [J]. Health & Place, 2012, 18(3):504-514.

[136] ZIMMERMAN A, MARTIN M. Post-occupancy evaluation: Benefits and barriers [J]. Building Research & Information, 2001, 29(2): 168-174.

[137] SONG L, LI H J, LIN B R. Research and application of green campus evaluation system suitable for chinese national situation [J]. Building Science, 2010, 26(12): 24-29.

[138] EKANAYAKE L L, OFORI G. Building waste assessment score: Design-based

tool [J]. Building and Environment, 2004, 39(7): 851-861.

[139] BIN L U. Research on landscape interactivity of modern urban residential districts based on subjective evaluation of built environment (SEBE) [J]. Journal of Zhejiang Shuren University, 2012, 12(4): 53-59.

[140] MARTINEZ-MOLINA A, BOARIN P, TORT-AUSINA I, et al. Post-occupancy evaluation of a historic primary school in Spain: Comparing PMV, TSV and PD for teachers' and pupils' thermal comfort [J]. Building and Environment, 2017, 117: 248-259.

[141] 克莱尔·库珀·马库斯, 卡罗琳·弗朗西斯. 人性场所——城市开放空间设计导则[M]. 俞孔坚, 王志芳, 孙鹏, 等译. 北京: 中国建筑工业出版社, 2001.

[142] 张国祯. 建构生态校园评估体系及指标权重——以台湾中小学校园为例[D]. 上海: 同济大学, 2006.

[143] 刘畅. 绿色校园评价体系研究及其在灾后学校重建中的应用[D]. 北京: 清华大学, 2011.

[144] 赵玲侬. 中小学校建成环境评估方法研究[D]. 成都: 西南交通大学, 2012.

[145] 江朔. 常州天合国际学校使用后评价（建筑POE）[D]. 广州: 华南理工大学, 2014.

[146] 克里斯蒂安·诺伯格-舒尔茨. 建筑——存在、语言和场所[M]. 刘念雄, 吴梦姗, 译. 北京: 中国建筑工业出版社, 2013.

[147] 童琳. 基于使用后评价的灾后重建学校设计策略研究[D]. 重庆: 重庆大学, 2014.

[148] 徐伟. 基于认知地图的校园规划后评价研究[D]. 宁波: 宁波大学, 2011.

[149] 牛力. 建筑综合体的空间认知与寻路研究——以商业综合体为例[D]. 上海: 同济大学, 2007.

[150] 徐从淮. 行为空间论[D]. 天津: 天津大学, 2005.

[151] 李珊. 商业步行街环境认知研究[D]. 重庆: 重庆大学, 2004.

[152] 陈洁菡. 杭州少儿公园使用后评价研究[D]. 杭州: 浙江大学, 2015.

[153] 檀文迪. 华侨大学校园环境认知地图研究[D]. 泉州: 华侨大学, 2007.

[154] 周伶洁. 浅析科技馆发展与青少年展览教育形式的探索[J]. 科技风，2020（5）：246.

[155] 王铁春. 科技馆与青少年科技教育的关系[J]. 吉林省教育学院学报，2020，36（2）：169-172.

[156] 赵润忠. 中国科技馆运营管理新思路[J]. 科技与创新，2020（2）：112-113.

[157] 周毅晖. 科技馆建筑[J]. 科技进步与对策，2020，37（2）：161.

[158] 白彦平. 新形势下科技馆运行管理机制的思考与探索[J]. 决策探索（下），2019（12）：76-77.

[159] 苏昕，音袁. 科学文化视角下的大概念科学教育——论科技馆场域中的展教活动[J]. 科学教育与博物馆，2019，5（6）：407-411.

[160] 冯晓琪，刘念，郭霄宇，等. AR技术在科技馆古代农具展示中的研究及实现[J]. 计算机工程与科学，2019，41（12）：2173-2178.

[161] 徐敏. 我国大型科普场馆科普教育功能实现路径优化研究——以上海科技馆为例[D]. 上海：上海师范大学，2019.

[162] 赵振亚. 中小学生对科技馆满意度调查及对策研究——以山东省科技馆为例[D]. 济南：山东师范大学，2019.

[163] 施娴泓. 跟踪计时法在科技馆展览评估中的应用研究——以D馆"物联网"科技展厅为例[D]. 武汉：华中科技大学，2019.

[164] 唐中河. 数字科技馆服务质量评价模型构建及应用[D]. 武汉：华中师范大学，2019.

[165] 梁韵琦. STEM视域下中国流动科技馆教育活动评估——以湖北省流动科技馆为例[D]. 武汉：华中师范大学，2019.

[166] 林欣. 流动科技馆环境下学生学习评价初探[D]. 武汉：华中师范大学，2019.

[167] 唐颖. 江苏科技馆科普活动公众参与的研究[D]. 南京：东南大学，2019.

[168] 张雅倩. 基于活动理论的场景学习模型构建与应用研究——以河北省科技馆为例[J]. 中小学电教，2019（12）：66-72.

[169] 丁小燕. 科技馆展品损坏与维护的调查研究[D]. 武汉：华中科技大学，2018.

[170] 陈丽. 馆校合作现状及对策研究——以重庆科技馆和自然博物馆为例[D]. 重庆：重庆大学，2018.

[171] 田婷婷. 科技馆探究式教育活动设计研究[D]. 武汉：华中科技大学，2018.

[172] 杨小琴. 基于视觉暂留原理的科技馆展品的设计与实现[D]. 武汉：华中科技大学，2018.

[173] 邹婷婷. 探究式教学在科技场馆的应用研究[D]. 重庆：重庆大学，2018.

[174] 沈宣. 中小型科技馆儿童科学实验教育活动案例研究[D]. 杭州：浙江大学，2017.

[175] 高添. 科技馆环境设施的顾客满意度研究——以武汉市科技馆为例[D]. 武汉：华中师范大学，2017.

[176] 张丹. 互动多媒体技术在科技馆展示中的应用研究——以武汉科技馆新馆为例[D]. 武汉：华中科技大学，2017.

[177] 孙婧. 科技馆互动体验数学展品设计研究——以武汉市科技馆数学展区为例[D]. 武汉：华中科技大学，2017.

[178] 徐盛富. 武汉自然博物馆（筹）体验式科普教育活动设计研究[D]. 武汉：华中科技大学，2017.

[179] 杨希. 我国科技馆免费开放政策实施研究[D]. 南京：南京师范大学，2017.

[180] 孙伟清. 杭州科技馆生态节能技术的应用研究[D]. 西安：西安建筑科技大学，2016.

[181] 萨其日呼. 内蒙古科技馆项目建设案例分析[D]. 呼和浩特：内蒙古大学，2016.

[182] 王晓飞. 湖南省科技馆科普主题公园设计[D]. 长沙：中南林业科技大学，2016.

[183] 王姗姗. 公益性科技馆免费开放问题研究——以内蒙古科技馆为例[D]. 呼和浩特：内蒙古大学，2016.

[184] 张月. 武汉科技馆儿童展厅的亲子对话研究——他们在说什么[D]. 武汉：华中科技大学，2016.

[185] 王潇. 受众对科技馆的认知分析[D]. 武汉：华中科技大学，2017.

[186] 王贤. 科技馆儿童展品情感化设计研究[D]. 武汉：华中科技大学，2016.

［187］彭小娱. 基于环境行为学的科技馆展品与展示空间一体化设计应用研究[D]. 贵阳：贵州大学，2016.

［188］陈玉涵. 基于建构主义理论的科技馆展示形式研究[D]. 武汉：华中师范大学，2016.

附录1　综合性科技馆使用后评价探索性研究（员工）问卷

科技馆：　　　　　　调查时间：　　　　　　调查员：

指导语：

亲爱的朋友，您好！我们想了解您在科技馆的日常工作状态以及对科技馆的使用情况，从中了解您对科技馆的切身感受。您的意见将是从事科技馆建筑研究的第一手资料，有助于使今后科技馆的设计更契合使用需求。

我们在此特向您提出以下问题，希望得到帮助，谢谢！

基本信息：姓名（可匿名）：＿＿＿　性别：男　女　工作部门：＿＿＿　年龄：＿＿

1. 您所在科技馆的总体规划及建筑设计是否能满足您的工作需求或是否对您的工作造成困扰？请举例说明。

2. 您所在科技馆的总体规划及建筑设计是否符合科技馆多元化展教的需求，是否有该科技馆尚未囊括的展示类型？

3. 在国内众多综合性科技馆中，您最喜欢或欣赏哪座科技馆的设计？

4. 您认为决定科技馆成功运营的最重要的几项硬件设施是什么？

5. 如果需要对您所处科技馆的设计做一些调整和改进，您的建议有哪些？

6. 就国内外科技馆的发展趋势而言，您所在科技馆在硬件及软件上还能做哪些调整和更新？

附录2 综合性科技馆使用后评价探索性研究（游客）问卷

科技馆：　　　　　　调查时间：　　　　　　调查员：

指导语：

尊敬的游客，您好！我们想了解您在科技馆的日常参观状态以及对科技馆的使用情况，从中了解您对科技馆的切身感受。您的意见将是从事科技馆建筑研究的第一手资料，有助于使今后科技馆的设计更契合使用需求。

我们在此特向您提出以下问题，希望得到帮助，谢谢！

基本信息：姓名（可匿名）：＿＿＿　性别：男　女　工作部门：＿＿＿　年龄：＿＿

请在您的选择下打"√"、排序或填写。

1. 哪些因素会影响您对科技馆的选择？

A. 交通　　　　　　　　　　　　　B. 科技馆的规模和声誉

C. 建筑外观造型和场地规划　　　　D. 票价

E. 展品的新颖程度　　　　　　　　F. 展教的互动性

G. 其他＿＿＿＿＿＿

2. 您到科技馆参观的频率为：

A. 极少　　　　　　　　　　　　　B. 一年1～2次

C. 一年3～6次　　　　　　　　　　D. 每月1次

E. 每周1次　　　　　　　　　　　F. 其他＿＿＿＿＿＿

3. 您到科技馆的主要参观目的是什么？

A. 常设展馆的展品　　　　　　　　B. 临时展馆的展品

C. 观看电影　　　　　　　　　　　D. 观看科技表演

E. 自己参观　　　　　　　　　　　F. 陪伴老人参观

G. 带小孩参观　　　　　　　　　　H. 集体活动

I. 外地游客观光　　　　　　　　　J. 其他＿＿＿＿＿＿

4. 您最喜欢科技馆的哪部分规划和设计？

A. 外观　　　　　　　　　　　　　B. 中庭

C. 展厅、展陈设计　　　　　　　　D. 电影院

E. 室外展区　　　　　　　　　　　F. 其他＿＿＿＿＿＿

5. 您到达科技馆的时间及在展厅逗留的时长是多少？

您是早晨到达＿＿＿＿＿＿＿或午后到达＿＿＿＿＿＿＿

A. 1小时　　　　　B. 2小时　　　　　C. 3小时　　　　　D. 4小时

E. 5小时　　　　　F. 5小时以上

6. 您是否希望在这里就餐？

A. 享用正餐　　　　　B. 小卖部购买简餐

C. 自备简餐　　　　　D. 网络外卖　　　　　E. 无需用餐

7. 您在休息区域希望进行哪些活动？

A. 聊天　　　　　B. 简单进餐　　　　　C. 喝水或饮料　　　　　D. 吸烟

E. 躺下休息　　　　　F. 观看科技表演　　　　　G. 观赏室外景观

8. 除了参观展厅外，您在科技馆中还会进行什么样的活动？

A. 就餐　　　　　B. 社交活动　　　　　C. 购买科学商品　　　　　D. 参加科技实验课

9. 您觉得该科技馆是否做到了互动体验式参观？

A. 非常好　　　　　B. 很好　　　　　C. 一般　　　　　D. 较差

E. 非常差

10. 您觉得科技馆参观中最不安全的因素是什么？

A. 排队和穿行人群的交叉　　　　　B. 扶梯

C. 安全指示不明确　　　　　D. 展品的操作

E. 设备用房的外露　　　　　F. 暂无

11. 您最喜欢某个展厅的原因是什么？

12. 您最想咨询的关于场馆使用的问题是什么？

13. 您对科技馆设计的改进意见有哪些？

附录3 综合性科技馆建筑满意度评价（游客）问卷

调查时间：_____年___月___日　　　调查地点：_____

指导语：

尊敬的游客，您好！综合性科技馆满意度评价属于建成环境使用后评价的研究方向之一。我们想了解您在科技馆的日常参观状态以及对科技馆的使用情况，从中了解您对科技馆的使用感受和看法。

请在您选择的评价等级上打"√"，在表格的最后对各要素的重要性进行排序。您也可在最后一栏"备注"中自由发表意见。您的感受和看法是本次研究的基础，您的意见有助于使今后综合性科技馆的设计更契合使用需求，感谢您的参与！

基本信息：姓名_____（可匿名）；性别：男　女；年龄：____；

参观科技馆的频率：____次/年。

因素项目	具体评价因素	您的评价等级					备注
		很满意	较满意	一般	较不满意	很不满意	
A 管理运营因素	1. 科技馆的开放时间						
	2. 科技馆的人流安全管理						
	3. 工作人员的安检、咨询、讲解工作						
B 硬件设施因素	4. 建筑外观造型的满意度						
	5. 户外展区布展的满意度						
	6. 展厅的面积、空间尺度						
	7. 展厅空间变化是否丰富、具有吸引力						
	8. 展厅入口处设计						
	9. 展厅通道的通行情况、导向性						
	10. 展品的正常运行与维护情况						
	11. 影院的硬件设施及观影环境						
	12. 科学实验室设施及教学环境						
	13. 科学表演舞台的观演环境						
	14. 休息区座位的数量及舒适度						

因素项目	具体评价因素	您的评价等级					备注
		很满意	较满意	一般	较不满意	很不满意	
B 硬件设施因素	15. 大厅空间设计						
	16. 餐厅就餐的满意度						
	17. 科学商店、小卖部等的设计						
C 辅助空间及设施因素	18. 咨询、寄存空间、广播室设计						
	19. 售票区的位置及购票流线						
	20. 医疗、吸烟、母婴、轮椅及婴儿车借存等功能						
	21. ATM机、饮水、无线网络、充电、公用电话等设施配备						
	22. 卫生间的位置及数量						
	23. 卫生间的亲子设计						
	24. 楼梯、电梯的便利性、安全性						
	25. 无障碍及安全设施的连贯性						
D 体验因素	26. 物理环境的舒适度（采光、温湿度、声环境）						
	27. 对参观需求的满足程度						
	28. 建筑的导向性和功能的标识性						
	29. 展厅的视听感受及参观气氛						
	30. 展品的新颖程度及互动性						
	31. 科学实验室的趣味性和互动性						
	32. 科学表演舞台的观演视听感受						
	33. 停车区的设计						
	34. 科技馆的地理位置及交通便捷性						
E 社会因素	35. 参观促进人际交往						
	36. 科技馆的发展提升你对科技发展的关注度						
满意度总体评价	您对该科技馆建筑的满意度总体评价						

请就A、B、C、D、E五大因素的重要性由高至低进行排序（请填写字母）：

1～36个因素中，请写出您认为最重要的因素（请填写数字序号）：

附录4　综合性科技馆建筑满意度评价（管理运营人员）问卷

调查时间：_____年___月___日　　　　调查地点：_____

指导语：

尊敬的工作人员，您好！综合性科技馆满意度评价属于建成环境使用后评价的研究方向之一。我们想了解您在科技馆的日常工作状态以及对科技馆的使用情况，从中了解您对科技馆的使用感受和看法。

请在您选择的评价等级上打"√"，在表格的最后对各要素的重要性进行排序。您也可在最后一栏"备注"中自由发表意见。您的感受和看法是本次研究的基础，您的意见有助于使今后综合性科技馆的设计更契合使用需求，感谢您的参与！

基本信息：姓名_____（可匿名）；性别：男　女；年龄：____；

工作部门：_____。

因素项目	具体评价因素	您的评价等级					备注
		很满意	较满意	一般	较不满意	很不满意	
A 总体概况	1. 科技馆的总体运行状态						
	2. 科技馆的展陈和演出情况						
	3. 与科研机构的合作及研发情况						
	4. 科技馆的人才培养、学术交流情况						
	5. 科技馆的经营及商业运作						
B 办公区域	6. 办公区域的位置						
	7. 办公区域的面积和功能设置						
	8. 办公区域私密性						
	9. 办公区物理环境（如采光、通风、温湿度等）						
	10. 学术交流区的设计						
	11. 员工就餐区						
	12. 办公配套停车场的设计						
	13. 地理位置及交通便捷性						

因素项目	具体评价因素	您的评价等级					备注
		很满意	较满意	一般	较不满意	很不满意	
C 展教区域	14. 建筑形体及空间利用率						
	15. 建筑造型及维护成本						
	16. 展厅的面积、空间尺度						
	17. 展厅的形体与布展						
	18. 展厅的布展效率						
	19. 展示空间的大小组合及拆分的可行性						
D 辅助空间	20. 影院的观影引导及安全疏散						
	21. 科学表演舞台的观演环境						
	22. 展区预留发展空间						
	23. 休息区座位的数量及舒适度						
	24. 大厅空间设计						
E 服务空间与设施	25. 咨询、寄存空间、广播室的设计						
	26. 售票区的位置及购票流线						
	27. 医疗、吸烟、母婴、轮椅及婴儿车借存等功能						
	28. ATM机、饮水、无线网络、充电、公用电话等设施配备						
	29. 无障碍及安全设施的连贯性						
F 设备及后勤	30. 展品正常运行与维护情况						
	31. 展品研发区及仓库区设计						
G 体验及引导	32. 物理环境的舒适度（采光、温湿度、声环境）						
	33. 建筑的导向性和功能的标识性						
	34. 展厅的视听感受及参观气氛						
	35. 游览路线设计的针对性						
满意度总体评价	您对该科技馆建筑的满意度总体评价						

请就A、B、C、D、E、F、G七大因素的重要性由高至低进行排序（请填写字母）：

1~35 个因素中，请写出您认为最重要的因素（请填写数字序号）：

附录5 综合性科技馆建筑满意度评价（现场工作人员）问卷

调查时间：_____年___月___日　　　　调查地点：_____

指导语：

尊敬的工作人员，您好！综合性科技馆满意度评价属于建成环境使用后评价的研究方向之一。我们想了解您在科技馆的日常工作状态以及对科技馆的使用情况，从中了解您对科技馆的使用感受和看法。

请在您选择的评价等级上打"√"，在表格的最后对各要素的重要性进行排序。您也可在最后一栏"备注"中自由发表意见。您的感受和看法是本次研究的基础，您的意见有助于使今后综合性科技馆的设计更契合使用需求，感谢您的参与！

基本信息：姓名_____（可匿名）；性别：男　女；年龄：___；

工作部门：_____。

因素项目	具体评价因素	您的评价等级					备注
		很满意	较满意	一般	较不满意	很不满意	
A 现场管理	1. 科技馆的高峰期限流情况						
	2. 科技馆的团队（瞬时高峰客流）接待能力						
	3. 科技馆的展陈和演出情况						
	4. 与科研机构的合作及研发情况						
	5. 科技馆的经营及商业运作						
B 展区现场办公空间	6. 办公室的位置						
	7. 办公室的面积和功能设置						
	8. 办公室的私密性						
	9. 卫生间、淋浴间、更衣室的设计						

因素项目	具体评价因素	您的评价等级					备注
		很满意	较满意	一般	较不满意	很不满意	
B 展区现场办公空间	10. 办公室物理环境（如采光、通风、温湿度等）						
	11. 员工就餐区						
	12. 办公配套停车场的设计						
	13. 地理位置及交通便捷性						
C 展教区域	14. 建筑形体及空间利用率						
	15. 建筑造型及维护成本						
	16. 展厅的面积、空间尺度						
	17. 展厅的形体与布展						
	18. 展厅的布展效率						
	19. 展示空间的大小组合及拆分的可行性						
D 辅助空间	20. 影院的观影引导及安全疏散						
	21. 科学表演舞台设计						
	22. 辅助空间（化妆间、更衣室、道具室等）的设计						
	23. 展区预留发展空间						
	24. 休息区座位的数量及舒适度						
	25. 展厅内的游客休息设施						
	26. 大厅空间设计						

因素项目	具体评价因素	您的评价等级					备注
		很满意	较满意	一般	较不满意	很不满意	
E 服务空间与设施	27. 咨询、寄存空间、广播室设计						
	28. 售票区的位置及购票流线						
	29. 医疗、吸烟、母婴、轮椅及婴儿车借存等功能						
	30. ATM机、饮水、无线网络、充电、公用电话等设施配备						
	31. 无障碍及安全设施的连贯性						
F 设备及后勤	32. 展品正常运行与维护情况						
	33. 展品研发区及仓库区设计						
	34. 送展的便利程度						
G 体验及引导	35. 物理环境的舒适度（采光、温湿度、声环境）						
	36. 建筑的导向性和功能的标识性						
	37. 展厅的视听感受及参观气氛						
	38. 游览路线设计具有针对性						
满意度总体评价	您对该科技馆建筑的满意度总体评价						
请就A、B、C、D、E、F、G七大因素的重要性由高至低进行排序（请填写字母）：							
1～38 个因素中，请写出您认为最重要的因素（请填写数字序号）：							

附录6 综合性科技馆展厅空间游客喜爱度倾向调查表

调查时间：_____年____月____日

调查地点：_____省_____市_____科技馆

问卷发放批次：_____编号：_____

指导语：

亲爱的朋友，您好！我们想了解您对科技馆展厅空间的使用情况，由此帮助我们了解和推导游客在展厅空间使用方面的喜好倾向和隐性需求。我们特向您提出以下问题，希望得到您的协助。谢谢！

基本信息：姓名_____（可选择匿名）；性别：男　女；年龄：____；

参观科技馆的频率约为____次/年。

请在您认为合适的选项上面打"√"（部分选项根据题意可以多选）。

项目	调查因素	选择项			
A 空间形式	1. 展厅的几种平面组合方式，您更喜爱哪一种？	A. 大厅式	B. 串联式	C. 放射式	D. 混合式
	2. 展厅的几种通过方式，您更喜爱哪一种？	A. 口袋式	B. 穿过式	C. 混合式	
	3. 展厅的平面形状，您更喜爱哪一种？	A. 矩形 B. 扇形	C. 纺锤形 D. 曲边梯形	E. 其他曲线形式	
B 使用现状	4. 您更偏好展厅使用哪一种楼地面材质？	A. 自流平地面	B. 磨石	C. 地砖	D. 地毯
	5. 您倾向于在展厅内何处设置休息座位？	A. 不设 B. 走道旁	C. 出入口附近 D. 大型展品附近	E. 洗手间附近	

项目	调查因素	选择项			
B 使用现状	6. 哪些因素会影响您对科技馆的选择？	A. 交通及停车 B. 规模和硬件设施	C. 建筑造型 D. 展品的新颖程度	E. 展教的互动性 F. 其他	
	7. 您对展厅环境有哪些不满？	A. 展厅人流过多 B. 展厅卫生间 C. 展厅内休息座位	D. 噪声 E. 光线	F. 温度 G. 其他	
C 科学表演舞台	8. 您倾向于将科学表演舞台设置在展厅何处？	A. 独立剧场 B. 展厅通道一侧	C. 展厅出入口附近 D. 结合休息区布置	E. 其他	
	9. 展厅内科学表演舞台的布置方式，您更喜爱哪一种？	A. 尽端式 舞台	B. 半岛式 舞台		
	10. 您认为科学表演最需要改进的硬件设施是什么？	A. 舞台空间 B. 舞台灯光	C. 舞台音效 D. 舞台特效	E. 观众席的安全设施 F. 后台区	
D 设施设备	11. 您觉得展厅内最需要改善的硬件设施是什么？	A. 手机充电 B. 无线网络	C. 标识引导 D. 饮水	E. 婴儿车停放 F. 其他	
	12. 您觉得科技馆最需要增加的辅助功能是什么？	A. 医疗急救 B. 吸烟室	C. 行李寄存 D. 外卖收取处	F. 其他	
	13. 您认为哪些方式能够帮助提升参观氛围和品质？	A. 开敞的展厅空间 B. 座椅的品质 C. 讲解服务	D. 完善的展品硬件 E. 完善的辅助功能 F. 噪声的降低	G. 适宜的温度 H. 其他	

致 谢

　　本书的出版要感谢我的恩师中国科学院院士、华南理工大学建筑学院教授吴硕贤，恩师用博学笃行的治学态度、严于律己的生活作风、豁达的人生观时刻影响着我。感谢恩师在我遇到困难时总能站在我的角度，给予最大的体谅、支持及协助，本书初稿满是导师的认真批注，大到核心梗概，小到标点语句，逐一为我指正。

　　感谢华南理工大学朱小雷老师、赵越喆老师在百忙之中抽出时间对我遇到的问题提出更正和建议，让我能及时认识到问题并改正。感谢华南理工大学刘业老师为我开启了通向广阔世界的大门，老师深厚的学术积淀、乐观向上的生活态度激励和感化着我，我将受益终身。感谢华南理工大学邵松老师和李楠老师在论文投稿和期刊发表上提供的各种指导和建议。感谢哈尔滨工业大学董健菲教授给予的关怀和支持。

　　感谢广东科学中心的卢金贵主任和林群夫老师对我调研工作的支持，让我的研究得以顺利进行。感谢四川科技馆庞博老师、香港太空馆陈俊霖老师、北京天文馆宋宇莹老师、湖南省科技馆黄雄老师在技术上提供的咨询和指导。

　　感谢四川师范大学美术学院各位领导和老师的指导与支持，使得书籍出版得以实现！

　　最后，特别感谢李阳明先生和戴树蓉女士对我的悉心栽培，是你们一直以来的全力支持让我有了放眼看世界的机会。感谢李仲良先生和徐素慧女士对我无私的养育之恩。洪志勇先生的指导和帮助、洪幼麟小友的关爱和支持，以及亲友们无微不至的爱护和鼓励是我坚持进步的动力，让我的人生充满了幸运与快乐！